Wie wird das Wetter?

KOSMOS NATUR FÜHRER

Siegfried Schöpfer

Wie wird das Wetter?

Eine leicht verständliche Einführung in die Wetterkunde

Kosmos
Gesellschaft der Naturfreunde
Franckh'sche Verlagshandlung
Stuttgart

Mit 9 Farbfotos, 79 Schwarzweiß-Fotos und 21 Zeichnungen vom Verfasser

Umschlaggestaltung Edgar Dambacher
unter Verwendung einer Aufnahme von Toni Schneiders
Das Bild zeigt eine Abendstimmung am Bodensee

Englische Ausgabe bei Burke Publ., London, Großbritannien

CIP-Kurztitelaufnahme der Deutschen Bibliothek

Schöpfer, Siegfried:
Wie wird das Wetter? : Eine leicht verständl. Einf.
in d. Wetterkunde / Siegfried Schöpfer. — 8. Aufl.
— Stuttgart : Franckh, 1985.
(Kosmos-Naturführer)
ISBN 3-440-05456-X

8. Auflage, 53.—56. Tausend
Franckh'sche Verlagshandlung, W. Keller & Co., Stuttgart / 1985

Printed in Germany / Imprimé en Allemagne / L 14 H Ste / ISBN 3-440-05456-X
Druck: Joh. Illig, Buch- und Offsetdruck, Göppingen / Buchbinder: Idupa, Owen/Teck

Wie wird das Wetter?

Vorwort

Dieses Buch versucht eine Lücke zu schließen; es will dem Laien eine leichtverständliche Einführung in die Wetterkunde vermitteln, dem Lehrer und Jugendleiter, dem Wanderführer und Bergsteiger, dem Segelflieger und Ballonfahrer Berater sein und . . . dem Spiel der Schmetterlinge und Libellen das Spiel der Wolken hinzufügen.

Das Buch ist somit für Nichtfachleute und nicht für Fachleute geschrieben. Es ist kein wissenschaftliches Werk mit neuen Erkenntnissen, sondern der Versuch einer rein populären Darstellung. Der Fachmann möge daher Verständnis haben, wenn aus pädagogischen Gründen ein meteorologischer Begriff oder Vorgang nicht so ausgedrückt ist, wie ihn die theoretische Physik gewohntermaßen darstellt. Der Aufbau des Buches ist vom Bildmaterial her bestimmt und weicht bewußt von der üblichen Form ab.

Der Pädagogischen Arbeitsstelle des Verbandes Württembergischer Volkshochschulen in Inzigkofen (bei Sigmaringen/Donau) sei für die Unterstützung bei der Herstellung der Bilder besonderer Dank gesagt, ebenso dem Wetteramt Stuttgart für die Überlassung der für die Kurven benötigten Werte.

Tafel I. *Wolkenloser, herbstlicher Schönwetterhimmel mit klarem, tiefem Himmelsblau, das dem Horizont zu aufhellt. Am Horizont deutlich abgesetzter Dunststreifen*

Einleitung

Wenn die Menschen sich unterhalten wollen, brauchen sie ein Gesprächsthema — und kein Thema ist so dankbar wie das Thema Wetter! Wenn wir in unserer Unterhaltung nicht mehr weiter wissen, dann reden wir, oder besser gesagt, schimpfen wir über das schlechte Wetter. Einmal ist es uns zu naß und zu kalt, ein andermal zu trocken und zu heiß oder zu neblig oder gar zu windig. Worin mag die Ursache für diese Unzufriedenheit liegen? Ist sie nur persönlicher Art, sind wir wetterempfindsamer geworden oder verstehen wir die Wettervorgänge nicht genügend? Befindet sich die Wetterkunde immer noch in einer Art Dornröschenschlaf oder haben wir vielleicht bemerkt, daß die vielen alten Wetterregeln, die wir von irgend woher kennen, nicht verläßlich sind?

Für viele Menschen ist das Wetter allerdings nur am Sonntag und im Urlaub wichtig; sie übersehen meist die große wirtschaftliche Bedeutung des Wettergeschehens und horchen nur ab und zu auf, wenn sie von einer Unwetterkatastrophe und ihren Folgen hören. Daß Gärtner und Landwirte, Seefahrer und Flugzeugführer, Bergsteiger und Ballonfahrer weitgehend vom Wetter abhängig sind, liegt auf der Hand.

Die Meteorologie, die Lehre vom Wetter, ist eine Naturwissenschaft wie die Lehre von den Tieren oder die Lehre von den Pflanzen oder die der Steine. Genau genommen ist sie aber nur ein Teil der angewandten Physik. Um also die vielseitigen Wettervorgänge richtig verstehen zu können, ist ein Studium der Meteorologie mit Mathematik und Physik unerläßlich. Aber wieviele Menschen interessieren sich für Pflanzen oder Tiere, ohne Botanik oder Zoologie studiert zu haben, und verfügen doch über erstaunliche Kenntnisse als Liebhaber! Ohne Zweifel haben wir meist ganz beachtliche Grundkenntnisse von Tieren und Pflanzen, sei es von der Schule her, sei es aus eigener Erfahrung und Beobachtung. Wie steht es aber mit unseren Kenntnissen bei der Wetterkunde? Sind es nicht häufig nur merkwürdige und zum Teil vom Aberglauben her entstellte irrige Vorstellungen über Ursache und Wirkungen eines Wetterablaufs?

Wie das Wetter im Augenblick verläuft, das sehen wir — wie das Wetter aber morgen oder übermorgen wird, das ist die Frage, die wir stets beantwortet wissen wollen. Im besonderen interessieren uns dabei die Niederschläge, gleich, aus welchen Gründen. Wenn der Wasserhaushalt auf unserer Erde anders geregelt wäre und es keine Niederschläge gäbe, so wäre wahrscheinlich das sonstige Wettergeschehen für den Menschen ziemlich bedeutungslos. So aber steht immer wieder die Frage im Vordergrund: Kommt es zum Regnen oder nicht? Eine Trennung zwischen Schönwetter und Schlechtwetter ist uns selbstverständlich. Wir sprechen dabei von schlechtem Wetter, wenn es regnet. Sicherlich ist diese Bezeichnung nicht sinnvoll, wenn wir uns überlegen, daß nach einer langen Trockenheit ein Regen für den Landwirt niemals schlechtes Wetter bedeuten kann. Eigentlich sollten wir uns über jeden Regen freuen, denn viel häufiger fehlt es am notwendigen Naß als daß es zu viel wäre — von Katastrophenfällen abgesehen!

Daß die Niederschläge, sei es Regen, Schnee oder Hagel aus den Wolken kommen, ist uns eine bekannte Tatsache; denn wie sollte es aus einem vollständig wolkenlosen Himmel heraus regnen? Wenn wir also über das kommende Wetter etwas aussagen wollen und keine Hilfsmittel und keine Instrumente zur Verfügung haben, müssen wir unser Augenmerk auf die Wolken richten. Wir denken dann vielleicht sofort an eine Wolkenübersichtstabelle oder einen Wolkenatlas, in dem wir das Bildmaterial mit den beobachteten Wolken vergleichen und Aufschluß darüber erhalten können, ob eine Wolke eine Schönwetterwolke oder eine Regenwolke ist. Aber dürfen wir bei den Wolken eine solche Einteilung überhaupt treffen?

Diese Methode mag zum Beispiel bei den Pilzen richtig sein. Wenn wir einen Pilz finden, so können wir seinen Namen in einem Pilzbestimmungsbuch feststellen und klären, ob er in die Gruppe der giftigen oder die der ungiftigen Pilze gehört. Wir können uns dann darauf verlassen, daß das, was das Büchlein aussagt, für diesen Pilz zutrifft. Ein junger Pfifferling wird stets ein eßbarer Pilz und ein Fliegenpilz wird stets ein giftiger sein. Es ist also gar nicht mehr nötig, dies auszuprobieren! Wir wissen auch, daß ein kleiner Pfifferling zu einem grossen Pfifferling wird und nie zu einem Fliegenpilz. Wir wissen weiter, daß aus einer Bärenraupe stets nur ein Schmetterling von der Gattung Bär und kein Kohlweißling entstehen kann, daß aus einem Engerling, sofern er die Entwicklung überlebt, stets ein Maikäfer wird und nicht eine Biene oder eine Hornisse. Wir wissen, daß aus einem Apfelbaum immer nur Apfelblüten treiben und entsprechend im Herbst nur Äpfel zu ernten sind und keine Birnen oder Pflaumen.

Diese Sätze mögen banal erscheinen, doch werden wir erkennen müssen, daß es bei den Wolken anders ist: Aus einer kleinen, am Vormittag beobachteten und im Wolkenatlas als Schönwetterwolke bestimmten Wolke kann sich — muß aber nicht — in einigen Stunden ein mächtiges Gewitter, unter Umständen sogar mit Hagel, entwickeln. Das heißt also: Aus einer gleichartigen, formenähnlichen Wolke kann es einmal zum Regnen kommen, ein andermal aber auch nicht. Die Wolkenformen oder die Wolkennamen sagen also allein nicht eindeutig aus, wie das Wetter wird. Wir müssen auf die Weiterentwicklung, auf die Art der Veränderung oder gegebenenfalls auf die Auflösung der Wolken achten. Nicht wie die Wolke heißt, ist entscheidend, sondern was sie tut!

Daß damit zur Beobachtung der Wolken Muße und Ausdauer erforderlich sind, liegt auf der Hand, vor allem dann, wenn wir das Wetter einigermaßen richtig vorhersagen wollen. *Wir werden in den ersten Kapiteln anhand des Bildmaterials nur beobachten und daraus unsere Schlüsse ziehen. Nach den Ursachen, nach dem Warum und Wieso, fragen wir erst später. Dabei wollen wir uns zunächst bewußt von allen rein fachlichen Begriffen und Definitionen freihalten und die Dinge nur so benennen, wie wir sie aus dem Alltag her kennen.* Zunächst aber noch einige weitere Vorbemerkungen.

Beim Wettergeschehen haben wir des öfteren den Eindruck der Plötzlichkeit. Wir hören von einem plötzlich hereinbrechenden Gewitter, von einem plötzlich einsetzenden Hagelwetter, oder wir lesen in der Zeitung von einem plötzlich aufkommenden Unwetter, das die Bergsteiger zum Biwakieren zwang. Liegt diese Plötzlichkeit, in der der Mensch von einem Wetter überrascht wird, nicht einfach darin, daß er die vorhergehende Wettergestaltung nicht beobachtet hat? Wenn im Herbst eine reife Kastanie vom Baum fällt, so geschieht dies auch mit einer gewissen Plötzlichkeit; niemand würde es aber einfallen, zu behaupten, die Kastanie wäre vor ihrem Fall nicht auch schon dagewesen. Wir wissen, daß diese Kastanie im Frühling geblüht und einen ganzen Sommer gebraucht hat, bis sie reif war; und dann erst als Abschluß der Entwicklung fällt die Kastanie aus ihrer Schale.

Wenn auch ein Gewitter kein halbes Jahr benötigt, bis es zum erstenmal blitzt, so braucht es doch mehrere Stunden, bis es aufgebaut ist und zur ersten Entladung kommt. Jede Wetterentwicklung braucht eine geraume Zeit und zeigt sich stets lange vor dem Niederschlag durch ihr Wolkenbild und andere Umstände, die wir noch kennenlernen werden, sehr deutlich vorher an. Der Blitzschlag oder der Hagel oder der Niederschlag überhaupt, sei es Regen oder Schnee, sind stets Endphasen von Wettervorgängen, so wie die reife Kastanie die Endphase eines langen Wachstums ist. Was dem Menschen auffällt, ist meist erst diese Endphase; die Folge ist, daß ihn das „Unwetter" plötzlich und unvorbereitet trifft. Stets erkennen wir die Notwendigkeit rechtzeitiger Wolkenbeobachtung.

Diese Wolken befinden sich für uns ganz selbstverständlich in der Luft, d. h. sie schwimmen in der Luft wie ein Fisch im Wasser, und wir sprechen von Wolken, wenn diese Gebilde über uns sind. Stecken wir aber als Bergsteiger in den Wolken drin oder liegen diese Wolken am Boden auf, dann sprechen wir meist von Nebel. Nebel und Wolken sind also dasselbe, nur kommt es darauf an, wo sie sich befinden, bzw. von wo aus wir sie beobachten. Der Laie stellt sich häufig vor, diese Wolken gingen bis in die höchsten Schichten unserer Lufthülle hinein. Das menschliche Auge hat jedoch am Himmel keine Anhaltspunkte zu einer verläßlichen Entfernungsschätzung. Wir können am nächtlichen Himmel nicht sagen, welche Sterne näher und welche weiter entfernt sind, genauso, wie wir nicht abschätzen können, ob die Sonne am Tag oder der Mond bei Nacht verschieden weit von uns entfernt sind. Die Wolken zum Beispiel, die wir um den Mond ziehen sehen und die wir unter dem Namen Schäfchenwolken kennen, sind im Durchschnitt 3—4 km hoch, der Mond dagegen ist rund 384 000 km entfernt, das heißt also: der Mond ist etwa 100 000 mal weiter entfernt von uns als die Schäfchenwolken. Wir mögen daraus ersehen, wie schlecht wir schätzen können und wie nahe uns die Wolken im Gegensatz zu den astronomischen Körpern sind. Das gesamte sichtbare Wettergeschehen mit Wolken, Sturm und Gewitter, Regen und Schnee spielt sich in der untersten Schicht unserer Lufthülle ab, nicht höher als rund 10 km, während die Höhe der gesamten Lufthülle, die die Erde umgibt, nach den Meßergebnissen der künstlichen Satelliten mit mindestens 1000 km anzusetzen ist.

Wenn wir uns die Erde als eine Kugel mit $1^1/_2$ m Durchmesser vorstellen, dann beträgt die Höhe der gesamten Lufthülle in diesem Maßstab ungefähr 10 cm, während das Wetter sich eben nur in der untersten Schicht abspielt, die in diesem Maßstab knapp einen einzigen Millimeter beträgt. Diese Wettersphäre umschließt also die Erde wie eine enge Haut und ist der Erdoberfläche ganz dicht aufgelagert. Daß ohne das Phänomen der Luft kein Wettergeschehen möglich wäre, ist offensichtlich. Weiter ist uns verständlich, daß auch ein Leben ohne Luft für uns nicht denkbar wäre. Wir benötigen die Luft, die zu rund einem Fünftel aus Sauerstoff besteht, zur Atmung. Doch gesetzt den Fall, wir würden unseren Sauerstoffbedarf künstlich erzeugen, so wäre ohne die Lufthülle unser Leben allein schon durch die volle ungehinderte Sonnenstrahlung verwirkt. Die Atmosphäre ist also für uns gleichzeitig ein Schutzmantel vor allzu großer Sonnenenergie.

Die wolkenlose Luft erscheint uns im allgemeinen im blauen Licht, das allerdings sehr verschieden sein kann. Wir werden auch schon bemerkt haben, daß das Himmelsblau im Frühling und im Herbst meist viel intensiver ist als im Sommer, und daß der Großstädter seinen blauen Himmel oft nur noch in sehr bleicher Form sieht. Es müssen also noch Bestandteile in der Luft sein, die das Himmelsblau unter bestimmten Umständen mehr oder weniger verändern und trüben können. Darüber hinaus haben wir sicherlich schon bemerkt, daß das Blau sich dem Horizont zu stets aufhellt — vergleiche Tafel I neben Seite 8 — und daß man aus den Dämmerungsfarben bzw. aus der Art des Sonnenuntergangs Schlüsse auf das kommende Wetter am anderen Tag ziehen kann: Geht zum Beispiel die Sonne rot und in leichtem Dunst am wolkenlosen Horizont unter, so verspricht der nächste Tag schön zu bleiben oder zu werden; neigt sich aber die Sonne gelb und stechend dem Horizont zu, der nicht wie sonst rötlich, sondern ebenfalls gelb, fast quittengelb erscheint, so mag dies mit Recht ein Zeichen für aufkommendes Regenwetter sein.

Irgendwie müssen wir bei unseren Betrachtungen zwischen dem Wetter ohne Niederschlag und dem Wetter mit Niederschlag unterscheiden. Die Bezeichnungen „gutes Wetter“ und „schlechtes Wetter“ wollen wir aus den schon eingangs geschilderten Gründen besser nicht verwenden. Wir wählen deshalb am besten die Ausdrücke Schönwetter und Regenwetter. Entsprechend können wir wohl von Schönwetterwolken und Regenwolken sprechen, müssen uns aber, wie gesagt, darüber klar sein, daß es Schönwetterwolken gibt, die es nur scheinbar sind und die zu Regenwolken werden können.

Daß Wolken selbst auch schön sind und als Motive allein oder als dekorativer Hintergrund für gute Bilder beliebt sind, weiß jeder Foto-Amateur. Beim Durchblättern dieses Buches wird der Leser sicherlich auch sogenannte fotogene Bilder finden; doch wesentlich ist hier, daß in den Bildern und Bildreihen das Charakteristische der einzelnen Wetterlagen zum Ausdruck kommt.

Und noch ein Letztes: Alle Bilder des vorliegenden Buches sind einzeln geknipst und mit einem Weitwinkelobjektiv aufgenommen, das heißt, die gezeigten Bildausschnitte sind weiter als bei einer Kamera mit gewöhnlicher Linse. Dem Leser erscheinen die Bilder bei der Betrachtung „normal“ — sie zeigen aber in Wirklichkeit einen größeren Himmelsausschnitt als das gewohnte Bild. Der Vorteil dieser Technik ist die Möglichkeit, Wolken, die sich wegen ihrer Größe sonst nur teilweise abbilden lassen, ganz zu zeigen.

I. Abschnitt: Vom täglichen Wetter im Sommer

Kapitel 1: Ein Wölkchen wird geboren

Wir kennen den folgenden Vorgang bestimmt schon aus eigener Beobachtung: Am frühen Morgen ist der Himmel wolkenlos; am Vormittag — manchmal früher, manchmal später — kommen, besser gesagt entstehen die ersten Wölkchen. Wir können nämlich zuschauen, wie die Wolken beginnen und bemerken, daß die „bösen" Wolken nicht immer gezogen kommen, sondern daß sie vor unseren Augen entstehen können. Wie aus dem Nichts heraus steht ein solches Wölkchen zuerst ganz winzig klein am Himmel.

So, wie der größte Strom irgendwo in einem Wald oder auf einer Wiese als Quelle und kleines Bächlein begonnen hat, so muß auch der größte Regenguß und das stärkste Gewitter mit einer kleinen Wolke anfangen. Bald aber bleibt es nicht bei einer Wolke, sondern rechts und links und vor und hinter uns beginnt der Himmel sich mit Wolkenschiffchen zu beleben. Zunächst können wir jede neugeborene Wolke als Schönwetterwolke bezeichnen, denn wie sollte aus einer so winzig kleinen, weißen Wolke Regen oder gar Hagel fallen? Dann aber kommt es darauf an, was weiter aus der Wolke wird, ob sie wirklich eine Schönwetterwolke bleibt oder ob sie zu einer Regen- oder Gewitterwolke sich verändert.

In den folgenden Bildreihen wollen wir verschiedene Möglichkeiten von Wolkenentwicklungen beobachten, bis wir den Umstand herausgefunden haben, wann eine Schönwetterwolke zur Gewitterwolke wird. Wir müssen uns aber davor hüten, bei der Wetterbeobachtung in einen allzu menschlichen Fehler zu verfallen: anzunehmen, daß der Wetterzustand, den wir soeben beobachten, auch weiterhin in den nächsten Stunden oder Tagen so bleiben wird. Die Veränderung ist ja gerade die Würze im Wettergeschehen, und der wolkenlose Himmel am Morgen eines Sommertages sagt noch gar nichts über das Wetter aus, das an diesem Tage kommen wird. Im übrigen: Keine Wolke sieht der andern gleich!

Wir erleben auf den Bildern 1 bis 4 zweimal an verschiedenen Orten und an verschiedenen Tagen, aber beide male an einem Sommervormittag, wie Wolken entstehen. Auf den linken Bildern 1 und 3 ist der Himmel noch wolkenlos, auf den rechten Bildern 2 und 4 ist wenige Sekunden nach den linken Aufnahmen je ein Wölkchen geboren worden. Aus der Tatsache, daß Wolkenentstehung eingesetzt hat, können wir aber noch keine entscheidenden Schlüsse auf die weitere Wettergestaltung ziehen. Wir können höchstens sagen: Je später am Tag die Wolkenentwicklung einsetzt, desto später erst könnte vielleicht unter bestimmten Voraussetzungen noch Niederschlag erfolgen bzw. um so geringer ist die Chance, daß eine Wolke noch zur Gewitterwolke wird. Kommt es überhaupt nur zur Bildung allerkleinster Wölkchen und verändern diese sich nicht, so bleibt es selbstverständlich schönes Wetter.

Nach der Wolkenentstehung bemerken wir auch bald, daß die Wolken selten stillstehen, sondern sich bewegen, daß also in der Höhe, in der sich die Wolken befinden, bewegte Luft — ein Wind — gehen muß. Wir erkennen somit zwei Kräfte, die an den Wolken wirksam sind: 1. Die inneren Kräfte, die die Wolken entstehen und sich verändern lassen, 2. den Wind, das heißt die Luftbewegung, die die Wolken führt und ebenfalls verändern kann.

Die Schlüsse, die wir in den folgenden Kapiteln ziehen, gelten jeweils nur für die in den Bildern dargestellten Wolken und somit nur unter der Voraussetzung, daß bei unserer Beobachtung draußen keine anderen Wolken zusätzlich zu sehen sind. Wir werden auch in unseren Voraussagen etwas bescheiden bleiben müssen, denn wir können bei diesen Betrachtungen keineswegs Schlüsse ziehen, wie das Wetter in fünf oder zehn Tagen sein wird. Aber immerhin werden es gültige Aussagen für den Tag der Beobachtung, vielleicht auch für den kommenden Tag sein.

Wir werden uns auch davor hüten müssen, unsere Erkenntnisse räumlich zu verallgemeinern. Wenn wir z. B. in Stuttgart feststellen, daß an einem bestimmten Tag das Wetter schön bleiben wird, so kann wohl auch in Frankfurt oder Bremen Schönwetter sein, es kann dort aber auch genau so gut regnen; denn über einem Gebiet, das sich über mehrere hundert Kilometer erstreckt, wird selten ein ganz einheitliches Wetter herrschen.

1
2
3
4

5

6

7

8

Kapitel 2: Eine Wolke entwickelt sich

Wir stehen auf der Hochfläche der Schwäbischen Alb am Lochenpaß bei Balingen. Wieder ist es Vormittag an einem schönen Sommertag und soeben auf Bild 5 entsteht das erste Wölkchen. Die weitere Entwicklung der Wolke erleben wir in jeweils 5 Minuten Abstand und bemerken zunächst auf Bild 6, daß es inzwischen zwei Wölkchen geworden sind. Die Wolkenfahrt ist im Bezug auf die einzelne Fichte gut erkennbar. Bild 7 zeigt uns, daß aus den beiden kleinen Wölkchen nun ordentliche Wolken geworden sind, sich scheinbar die Hände reichen; doch sicherlich sehen sie noch nicht nach Niederschlag aus. Aber wir wollen kritisch sein — vielleicht könnten sich diese Wolken noch zu Regenwolken entwickeln, denn das Bild 7 läßt darüber noch keineswegs eine feste Aussage zu. Also beobachten wir weiter und, siehe da, in Bild 8 — wieder nur 5 Minuten später — decken die Wolken ihre Karten auf:

Deutlich ist zu erkennen, wie die Wolken sich strecken, wie sie sich nicht mehr weiter in die Höhe entwickeln, dafür aber flach werden und sich ausbreiten. Der Segelflieger wird sich an diesem Tag nicht allzusehr freuen, denn wenn die Wolken nicht in die Höhe streben, dann kommt auch er nicht höher hinauf. Er wird aber bemerken, daß die Wolken alle in derselben Höhe wie auf einer unsichtbaren Ebene aufsitzen.

Der Tag verlief nun weiterhin ausgesprochen schön und ohne jeden Niederschlag. Es käme uns wahrscheinlich auch unnatürlich vor, wenn aus einer solchen Bewölkung ein Gewitter käme. Vergleichen wir hierzu auch die Aufnahmen auf Tafel III neben Seite 68, die ungefähr eine bzw. zwei Stunden nach der eben besprochenen Bildfolge aufgenommen wurden! Die Entwicklung zur Ausbreitung der Wolken kann manchmal schneller, manchmal langsamer gehen, darf aber als ein ausgesprochenes Schönwetterzeichen angesehen werden. Wenn hier von Niederschlag, dann wieder von Regen- oder Gewitterwolken gesprochen wird, so sind dem Leser aus dem Alltag heraus diese Ausdrücke sicherlich verständlich.

Als 1. Ergebnis dürfen wir nun feststellen: Wolken, die sich nach ihrer Entstehung nicht weiter in die Höhe entwickeln und sich flach ausbreiten, sind und bleiben Schönwetterwolken.

Bei der Bildfolge nebenan sind wir nicht, wie man vielleicht annehmen könnte, auf Sizilien, sondern auf der Burgsteige in Eßlingen am Neckar. Wieder ist es Vormittag, doch schalten wir uns in das Wolkengeschehen nunmehr etwas später ein, d. h. wir beobachten nicht mehr die Entstehung, sondern beschauen uns die Wolken im Alter von ungefähr 30—40 Minuten. Zum besseren Verständnis des Bildes 9 sei noch gesagt, daß die Wolken rechts im Hintergrund entstanden und dann mit einem leichten Wind nach links vorne dem Beschauer nähergekommen sind. Es ist dabei nicht zufällig, daß diese Wolken wie im Gänsemarsch fast in einer geraden Linie hintereinander dreinkommen, denn sie sind ja alle an derselben Stelle entstanden und der Wind hat sie auf der gleichen Bahn mitgenommen. Häufig lassen sich diese „Wolkenfahrstraßen" beobachten!

Auf Bild 10, das genau 2 Minuten nach Bild 9 entstanden ist, erkennen wir, daß einige Wolkenteile wieder verschwunden sind. Wir bemerken also eine Wolkenauflösung und wir fragen uns mit Recht: „Wie soll denn ein Gewitter entstehen, wenn die Wolken sich nach einer Lebensdauer von rund einer halben Stunde wieder in Wohlgefallen auflösen?" Wir wollen aber auch keine zu schnellen Schlüsse ziehen, denn es könnte ja sein, daß diese Wolkenauflösung nur zufällig einmal stattgefunden hat.

Bild 11 — wieder zwei Minuten später — zeigt, wie die Wolkenfahrt ungehindert weitergeht und die Wolken sich weiterhin in den Vordergrund nach links schieben. Nach weiteren 2 Minuten läßt die vorderste dieser Wolken — links oben auf Bild 12 — erkennen, daß wiederum Wolkenauflösung einsetzt. Dieses „Entstehen, Fahren und Wiederauflösen" war in der nächsten Stunde weiterhin ununterbrochen zu beobachten; nicht nur an dieser Stelle des Himmels, sondern rund um den Beobachter herum war festzustellen, daß die Wolken nach einer Lebensdauer von höchstens 50 Minuten sich alle wieder auflösten.

Als 2. Ergebnis stellen wir fest: Eine stetige Wolkenauflösung bedingt stets schönes Wetter, und es wird sicherlich an diesem Tag nicht zum Niederschlag kommen.

9

10

11

12

13

14

15

16

Kapitel 4: Ein Wolkenturm entsteht

Die Bilder einiger Serien weisen manchmal etwas schwache Konturen auf. Sie sind also, wie man sagt, nicht besonders „fotogen"; das kommt daher, daß wir wie hier über die Stadt Eßlingen hinweg fast genau nach Süden schauen und daß links über dem Bild die Sonne steht. Normalerweise wird man, um scharf kontrastierte Bilder zu erhalten, mit der Sonne im Rücken fotografieren. Man kann aber von den Wolken, die man zeigen möchte, nicht verlangen, daß sie sich dem Fotografen zuliebe auf die andere Seite begeben.

Bild 13 zeigt wieder eine Wolke von der Art, wie sie uns nun schon bekannt ist. Sie ist ungefähr 30 Minuten alt und wir dürfen gespannt sein, wie sie sich weiter gestalten wird. Die Bilder sind im Abstand von jeweils 2 Minuten aufgenommen und zeigen einen Höhenwind, der die Wolke von der Bildmitte nach rechts führt.

Bild 14 zeigt, daß diese Wolke gegenüber den Wolken der vorhergehenden Serie ernsthaft etwas vor hat: Sie quillt in die Höhe und beginnt wie ein Turm nach oben zu steigen. Das sind die Wolken, die sich die Segelflieger wünschen! Und nur so könnte später ein Gewitter entstehen, wenn die Wolken sich in dieser Weise vergrößern und nach oben entwickeln. Wolkentürme sind stets Alarmzeichen, die uns anzeigen, daß jetzt die Möglichkeit zu weiterer Entwicklung gegeben ist. Ob diese anhält, muß die Beobachtung ergeben. Damit ist keineswegs gesagt, daß die Wolke auf Bild 14 schon eine Gewitterwolke ist. Sie ist einwandfrei noch eine Schönwetterwolke — aber sie könnte zur Gewitterwolke werden, sofern nicht ein Ereignis einträte, das auf Bild 15 sichtbar wird.

Noch ist die turmartige Form der Wolke deutlich; aber während die Wolke doch vorher noch rund und kräftig war, wird sie schwächer und schwindet zusehends. Man hat den Eindruck, als ob der Nachschub fehlen und der Wolke im wahrsten Sinne des Wortes der Dampf ausgehen würde. Bild 16 zeigt den Verfall und die Auflösung des Wolkenturmes noch deutlicher.

Als 3. Ergebnis verzeichnen wir somit: Wolkentürme erheischen unsere ganz besondere Aufmerksamkeit. Lösen sich diese Türme aber immer wieder auf, dann bleibt es schönes Wetter.

Kapitel 5: Das Spiel der Wolken

Das Wolkenbild in dieser Serie erinnert deutlich an die Aufnahmen im Kapitel vorher. Der zeitliche Abstand der Aufnahmen beträgt diesmal 3 Minuten. Wieder quellen — hier schon ganz beachtliche — Wolken in ihrer Entwicklung nach oben. Man ist hier — siehe Bild 17 und 18 — schon eher geneigt, an ein kommendes Gewitter zu denken, aber wieder hält die Entwicklung nicht an: Die Wolken sacken zusammen und lösen sich wieder auf — vergl. Bild 19 und 20. Das Ergebnis ist somit das gleiche wie in Kapitel 4.

Die Wolken in den Bildern 17—20 haben aber gegenüber den Wolken in den vorherigen Kapiteln sichtlich an Größe zugenommen; sie zeigen auch wesentlich dunklere Schattierungen. Wir dürfen nun nicht in den Fehler verfallen, die Wolken etwa so einzuteilen: „Weiße Wolken sind Schönwetterwolken — graue Wolken oder Wolken mit dunklen Schatten sind Regenwolken.“ Das wäre bestimmt falsch, denn wir haben sicherlich schon beobachtet, daß aus grauen dunklen Wolken nicht immer Niederschlag gefallen ist. Wenn eine Wolke größer wird, geballter und gebauschter, wird das Licht der Sonne nicht mehr so durchscheinen können wie bei einer kleinen Wolke, und so muß am unteren Rand ein dunkler Schatten entstehen. Es kommt dabei auch jeweils darauf an, wie der Beschauer zur Wolke und zur Sonne steht. Die Regen- oder Gewitterwolke ist also keineswegs nur an ihrer Größe, Dicke oder Schattierung zu erkennen, sondern an einem ganz anderen Umstand, der uns in Kürze begegnen wird.

Wenn wir bei dieser Gelegenheit noch einmal rasch zurückblättern und die Wolken der Kapitel 1—5 genauer betrachten, so werden wir erkennen, daß sie alle — abgesehen von kleinen Windeinflüssen — einen scharf abgegrenzten Rand aufweisen, vor allem oben an den Wolkentürmen. Alle diese Wolken heben sich also deutlich gegen den blauen Himmel ab und sind leicht nachzeichenbar.

Wir können somit als 4. Ergebnis buchen: Wolken, die einen scharfen Rand haben, sind Schönwetterwolken, allerdings wieder mit der entscheidenden Einschränkung: sofern sie diesen scharfen Rand behalten!

17

18

19

20

21

22

23

24

Kapitel 6: Wolkentürme werden umgeblasen

In den Bildern 21 und 23 haben wir wieder ganz vertraute Wolken vor uns. In der linken Hälfte über dem Baum bei Bild 21 ein kleineres Wolkentürmchen, im Bild 23 mächtige Wolkentürme. Der Rand der Wolken ist deutlich scharf und abgegrenzt. Die Wolken auf Bild 23 sind ballig und gebauscht; man hat den Eindruck, als ob es bis zum kommenden Gewitter nicht mehr weit wäre. Aber der Leser muß wieder „enttäuscht“ werden. Weder die Wolken auf Bild 21 noch die Wolken auf Bild 23 haben Niederschlag oder Gewitter gebracht.

Wir sehen wieder: Nicht die Größe der Wolken oder ihre dunklen Schatten sind entscheidend, sondern anscheinend das, was die Wolken erreichen. Wir haben unser Augenmerk im besonderen auf diese Wolkentürme gerichtet. Aber was geschieht mit diesen Türmen? Wir sehen es in den Bildern 22 und 24: Die Türme werden nach rechts umgedrückt, wie von unsichtbarer Hand umgeworfen. Es muß also in diesen Höhen — bei den unteren beiden Bildern in ungefähr 2000 bis 2500 m — ein beachtlicher Wind gehen, der die Entwicklung der Wolkentürme in der Senkrechten stört und das Vorhaben der Wolke, nämlich zu einem Gewitter zu werden, verhindert. Die zweiten Aufnahmen sind jeweils 2 Minuten nach den ersten entstanden.

Als 5. Ergebnis stellen wir deshalb fest: Wolkentürme können noch so gewaltig sein — wenn sie in ihrer Entfaltung nach oben gestört werden und eine bestimmte Höhe, die uns noch beschäftigen wird, nicht erreichen, dann bleibt es schönes Wetter und es kommt nicht zum Niederschlag.

Alle Wolken haben natürlich in der Meteorologie genaue Bezeichnungen. Wir wollen uns aber zunächst mit den vielen, vielleicht verwirrenden Namen nicht beschweren, sondern uns der Einfachheit halber nur den Sammelnamen für alle Wolken merken, die wir bis jetzt besprochen haben: Es sind *Haufenwolken,* eine Bezeichnung, die der Form auch sehr gut entspricht.

Alle Ergebnisse kurz zusammengefaßt: Mit bleibendem Schönwetter am Beobachtungstag kann gerechnet werden, wenn Haufenwolken flach werden oder sich auflösen oder umgeblasen werden.

Die Bildfolge 25 bis 32 auf den zwei nächsten Seiten zeigt zunächst im Bild 25 wieder eine uns nun schon ganz bekannte Haufenwolke: quellend und turmartig nach oben steigend, ungefähr zwei Stunden alt. Wir wenden das bis jetzt Beobachtete an und stellen fest: Die Wolke zeigt kein Abflachen, kein Auflösen und auch kein Umwerfen der Türme. Ungehindert geht diesmal die Entwicklung nach oben. Alle unsere Schönwetterergebnisse der vorhergehenden Kapitel treffen nicht mehr zu und der rechte Kopf der Wolke im Bild 25 zeigt nunmehr wirklich etwas Neues: Die Wolke verliert an dieser Stelle ihren scharfen Schönwetterrand und beginnt zu rauchen. Die Bilder 26 bis 28 — jeweils im Zeitabstand von 3 Minuten aufgenommen — lassen erkennen, wie der obere Rand der doppelköpfigen Wolke systematisch verschwimmt. Jetzt muß irgend etwas in dieser Wolke anders geworden sein!

Der Unterschied im Wesen der Wolke zwischen Bild 28 und fünf Minuten später ab Bild 29 ist unverkennbar. Die Wolke hat ihren scharf geränderten Zustand restlos verloren und sieht in den Bildern 30 bis 32 wie ein großer verschwommener Amboß aus. Strahlenartig hat die Wolke sich ausgebreitet und steht wie der Hut eines großen Pilzes vor uns, sofern die Entwicklung nicht so stark ist, daß sie über uns hinweggeht. Eine halbe Stunde nach der Aufnahme von Bild 32 kam es über dem Raum, wo die Wolke stand, zu einem Gewitter mit kurzem Regenschauer. Wir müssen also bei einer solchen Entwicklung dazu beobachten, ob die Wolke auf uns zukommt oder an uns vorüberzieht. Eine Ausweitung findet aber auf alle Fälle statt, wie dies vor allem daraus zu ersehen ist, daß unsere Wolke in den Bildern 31 und 32 nicht mehr durch eine, sondern nur durch zwei Aufnahmen einzufangen war. Zeitlicher Abstand der Bilder 29 bis 32 jeweils wieder 3 Minuten.

Als 6. Ergebnis stellen wir fest: Die Voraussetzung zum Niederschlag aus einer Haufenwolke ist die von der Höhe abhängige Formänderung, wie sie in der Bildfolge 25 bis 32 dargestellt ist. Jetzt dürfen wir unser Beispiel aus der Einleitung wieder herbeiholen und sagen: Der Pfifferling ist zum Fliegenpilz geworden!

25

26

27

28

29

30

31

32

II. Abschnitt: Das Wetter schlägt um

Kapitel 8: Warme Luft aus WSW

In Kapitel 7 haben wir erkannt, daß es aus den Haufenwolken erst dann zum Gewitter und zum Niederschlag — vielleicht sogar in Form von Hagel — kommt, wenn die quellende, scharf geränderte Form in eine fächer- und rauchartige Form übergeht. Charakteristisch hierzu sind auch die Gewitterwolken auf den Tafeln IV und V neben den Seiten 86 und 104.

Es sind also nicht die dicken und schwarzen Wolken, die den Niederschlag auslösen, sondern eben diese feingliedrigen, weißlichen und meist so harmlos aussehenden höheren Wolken. Wir erleben nun im folgenden Wetterumbildungen, die großräumiger und zeitlich nachhaltiger sind, das, was man im Volksmund als Wetterumschlag bezeichnet. Dieser Prozeß dauert mindestens einen, meist aber zwei bis drei Tage, so daß also bestimmt nicht von Plötzlichkeit gesprochen werden kann. Eine solche Wetterveränderung wird daher nicht nur — vergl. Kapitel 7 — an einem bestimmten Ort einen relativ kurzen Niederschlag bringen, sondern vielleicht über ganz Deutschland in einer Breite von ca. 1000 km zu länger anhaltendem Regen führen. Vor allem, wenn wir den nun folgenden Wolkenaufzug aus Westen oder Südwesten beobachten, werden wir einer Wetterveränderung nicht entrinnen können.

Während wir im letzten Kapitel diese kritischen Wolken aus den Haufenwolken haben entstehen sehen, treten bei dieser Wetterlage die faserigen Gebilde zunächst alleine auf. Wir werden wohl des öfteren in allen Jahreszeiten solche einzelnen Gebilde wie auf Tafel VI neben Seite 122 beobachten können, ohne daß wir sofort an Regenwetter zu denken brauchen, denn eine Schwalbe macht bekanntlich noch keinen Sommer! Die Wolke auf Tafel VI war die einzige in dieser Art an jenem Tag, lebte ungefähr eine Stunde und wurde von dem starken Wind in diesen Höhen buchstäblich auseinandergepustet, d. h. also wieder aufgelöst.

Da ein größerer Wetterprozeß meist über mehrere Tage geht und damit durch die Nächte hindurch sich fortsetzt, möge der Leser Verständnis haben, wenn die nachfolgenden Bildserien aus verschiedenen, natürlich aber gleichartigen Entwicklungen zusammengesetzt sind.

Bei Bild 33 sind wir noch mitten drin im schönen Wetter. Die Sonne scheint und der Tau am Morgen hat „versprochen", daß es Schönwetter bleiben wird. Wenn dies auch für diesen Tag zutreffen mag, so müssen wir mit einer Voraussage für die nächsten Tage sehr vorsichtig sein; unsere feinen Wolken auf allen Bildern nebenan zeigen deutlich, daß sie keine einzelnen Schwalben sind, sondern der Beginn eines nachhaltigen Wolkenaufzuges.

Man wird an einem solchen Tag bald bemerken, daß immer wieder wie in Bild 34 solche *„Federwolken"* über den Himmel ziehen. Wenn auch die Bewegung relativ langsam erfolgt, so muß doch die Geschwindigkeit sehr groß sein, wenn wir hören, daß diese Wolken sich in ca. 6 bis 8 km Höhe befinden. Diese Federn, Häkchen und Krallen, so weiß und harmlos sie auch aussehen — sie sind die untrüglichen Vorboten einer Eintrübung am nächsten, spätestens übernächsten Tag.

Wenn dann der ganze Himmel wie in den Bildern 35 und 36 mit solchen Geleisen überzogen ist, dann ist der Verlauf der weiteren Entwicklung eindeutig. Oft scheint es dabei, als ob die Geleise an zwei gegenüberliegenden Punkten am Horizont zusammenliefen. Es ist dies aber nur eine perspektivische Täuschung — in Wirklichkeit stehen die Wolken parallel nebeneinander. Beim aufmerksamen Beobachten werden wir erkennen, daß die Wolken in sich selbst laufen, d. h. so wie die Striche stehen, so verläuft auch die Zugrichtung.

Der Laie will es meist nicht wahrhaben, daß bei einer solchen Wetterlage, die doch Sonnenschein und nur so feine weiße Wolken zeigt, mit einem baldigen Abschluß des schönen Wetters zu rechnen sein soll. Aber gerade die systematische Wolkenanordnung und vielleicht auch die Schönheit dieser ausgeprägten Formen deuten darauf hin. Und wir dürfen den vielleicht merkwürdigen Satz aussprechen: Je schöner und je gleichmäßiger die Wolken, desto „schlechter" das Wetter in den folgenden Tagen. Die Formen dieses Aufzuges können sehr verschieden sein: Manchmal einzelne Wolken, manchmal zusammenfließende Schichten und manchmal bizarre Formen — vergleiche die Bilder 33 bis 38!

Die weitere Gestaltung dieser Wetterlage ist wirklich eines Studiums wert. Manchmal — vor allem wenn die Bewölkung mehr aus

33

34

35

36

37

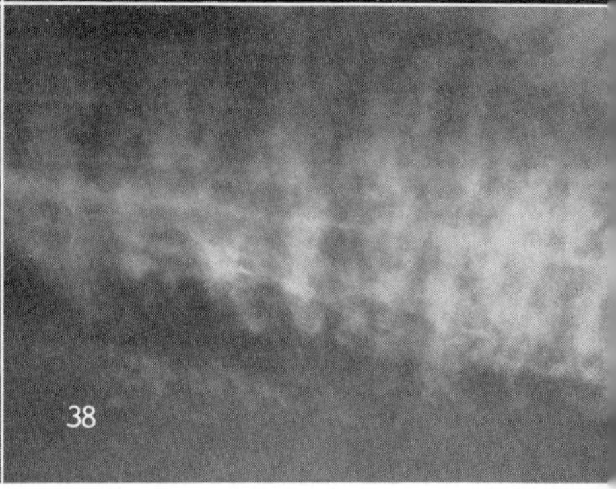
38

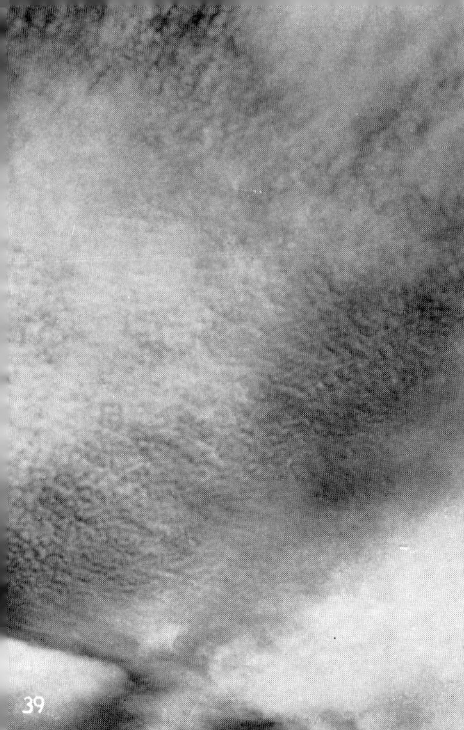
39

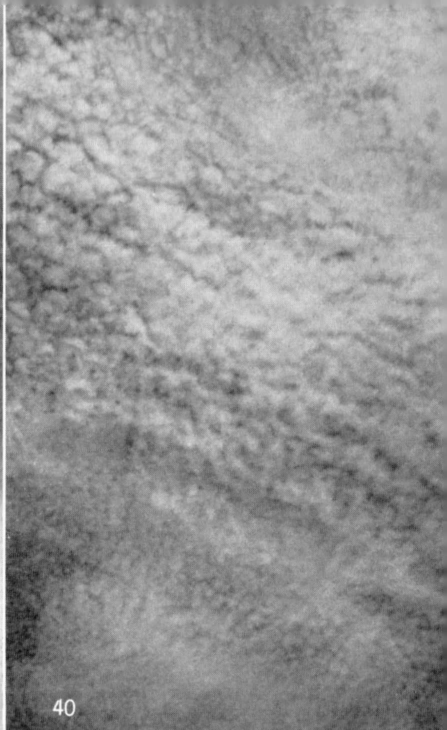
40

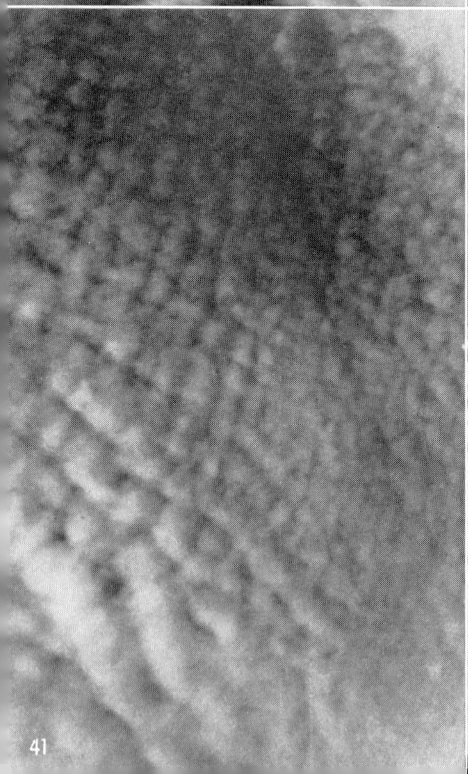
41

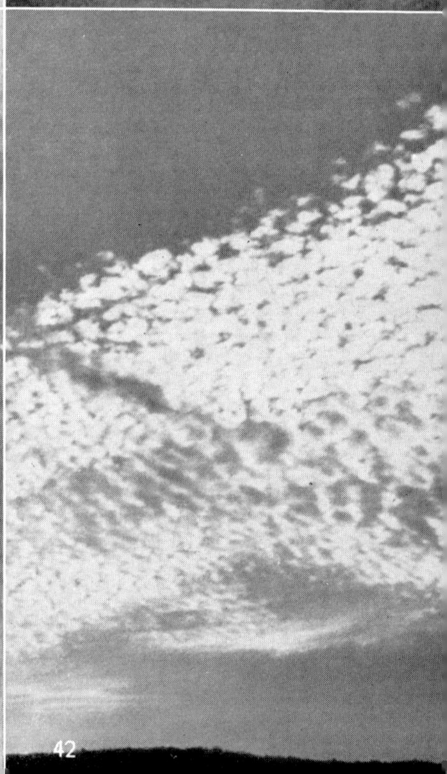
42

südlichen Richtungen auf uns zukommt — sieht man, wie die feinen Striche und Bänder beginnen, in kleine, ja sogar manchmal wie im Bild 39 in ganz winzig kleine Bällchen zu zerfallen. Es wäre aber ein Trugschluß, nun zu folgern, daß dieser Wolkenzerfall einer Auflösung, wie wir sie in den ersten Kapiteln beobachtet haben, gleichkäme. Diese Wolkenbällchen werden manchmal wie in den Bildern 40 und 41 größer, manchmal lösen sie sich auch wieder auf und trotzdem ist es dann nur eine vorübergehende Verzögerung der gesamten Entwicklung. Bald werden wir bemerken, daß wieder neue federige Wolkengebilde am Himmel stehen, wieder kleinere oder größere „Schäfchen" daraus hervorgehen und oft in einzelnen Feldern über den Himmel ziehen. Wir dürfen daraus schließen, daß dieser Zerfall wohl eine Verzögerung der weiteren Wetterveränderung mit sich bringt, aber niemals das ursprüngliche Schönwetter wieder herstellt.

Steht der Mond um die Vollmondszeit hinter dieser Bewölkung, so umgibt er sich mit prächtigen Farben und wir deuten zu Recht diesen „Mondhof", der uns noch im Kapitel 23 beschäftigen wird, als Regenvorboten.

Die Entwicklung zu den kleinen Bällen sehen wir besonders schön auch auf der Tafel II neben Seite 53 in einer Wetterlage die wir in den Bergen als Föhn bezeichnen. Doch auch davon werden wir ausführlicher erst später hören.

Bald erscheinen die Wolken in kurzen oder langen, dicken oder dünnen Wellen. Die Tafeln VII und VIII neben den Seiten 140 und 158 sagen hierzu mehr als Worte. Häufig kommen diese Wellen in Schichten und Feldern und hören auch manchmal unvermittelt wieder auf — um nach kurzer Zeit neu zu erscheinen. In allen Varianten schieben diese Wolken über den Himmel und es ist leicht zu erkennen, daß diese Bewölkung jetzt nicht mehr so hoch zieht, nämlich in ca. 3—4 km Höhe. Links oben in Bild 42 breitet sich über den scheinbar wolkenlosen Himmelsteil ein ganz dünner Schleier, dann erst kommt der ins Auge springende Wellenaufmarsch, während den Horizont nun schon eine geschlossene dunkle Wolkenschicht abschließt.

Der eben besprochene feine Wolkenschleier soll uns noch im besonderen beschäftigen, denn bei einer solchen Entwicklung muß es nicht immer sein, daß solche Bälle und Wellen entstehen. Sehr häufig gehen die feinen Federwolken direkt in eine — wenn auch kaum bemerkbare — feine, weißliche und geschlossene Wolkenschicht über, das heißt die Sonne scheint weiter und der aufmerksame Beobachter bemerkt lediglich, daß es etwas trüb wird — so wie wenn es dunstig wäre, aber nicht am Boden, sondern in der Höhe.

Blicken wir zur Sonne auf, so werden wir bei einer solchen Wetterlage weit um die Sonne einen großen, meist weißlichen Kreis erkennen, den wir besonders gut beobachten können, wenn wir uns so stellen, daß die Sonne durch ein Hausdach oder einen Baum verdeckt ist und uns somit nicht blendet. Dieser Kreis gehört zu den sogenannten Halo-Erscheinungen — siehe die Bilder 43 und 44 —, die wir im Kapitel 25 noch ausführlich besprechen werden. Auch um die Zeit des Vollmondes können wir um den Mond einen solchen Kreis beobachten — verwechseln wir dies aber nicht mit einem Mondhof! Ein Halo zeigt uns, daß wir es wirklich mit einer wenn auch feinen, so doch geschlossenen Bewölkung in ungefähr 6—8 km Höhe zu tun haben. Somit dürfen wir auch diese Erscheinung als Anzeichen für einen Wetterumschlag werten, sofern der gesamte Wolkenaufzug aus südlicher oder westlicher Richtung über uns hinwegzieht.

Wieder vergehen einige Stunden — vielleicht sogar noch ein halber Tag — und der Wolkenschleier wird dichter. Noch erscheint er weiß, noch steht die Sonne fast ungetrübt am Himmel und die Gegenstände zeichnen deutliche Schatten. Wieder einige Zeit später geht der Himmel allmählich in ein leichtes Grau über, die Sonne wird merklich schwächer und die Schatten am Boden verschwimmen. Wer bis zu diesem Augenblick nicht beobachtet hat, dem ist jetzt eine ein- bis zweitägige Vorankündigung der neuen Wetterlage vollständig entgangen. Jetzt aber ist eine Veränderung zu bemerken, denn die ganze Landschaft erscheint grau in grau, die Sonne verblaßt und ist wie in Bild 45 gerade noch erkennbar. *Alle flächenmäßigen Wolken — dünne oder dichte — bezeichnen wir mit dem Namen Schichtwolken.* Bald danach haben wir in Bild 46 eine wesentlich dunklere und tiefere Bewölkung. Jetzt ist es eindeutig, daß das Schönwetter vorbei ist!

Die dunkle Bewölkung scheint allmählich von oben auf uns herunterzukommen. Kein Zweifel: diese grauschichtige, geschlossene Bewölkung hat höchstens noch eine Höhe von 1 ½ — 2 km. Immer dichter

43

44

45

46

47

48

49

50

wird nun die Bewölkung — immer dunkler die Szenerie. Und dann machen wir eine Beobachtung, die uns wohlbekannt ist: Die Sicht am Boden wird deutlich besser und es entstehen die bekannten, „verräterischen“ guten Fernsichten.

Bald erscheinen die Vorsignale des Niederschlags: Unter der geschlossenen Wolkenschicht sind unregelmäßige Fetzen, zuerst klein wie auf Bild 47, dann größer wie auf Bild 48 zu bemerken. Meist sind sie dunkel, sie können aber je nach Beleuchtung auch eigenartig hell erscheinen. Ein jeder, der sich vom Regen nicht überraschen lassen möchte, sei jetzt gewarnt; denn diese Fetzen zeigen untrüglich an, daß es vielleicht schon in wenigen Minuten, spätestens aber in 15—20 Minuten regnen wird.

Meist kommt um diese Zeit ein leichter Wind auf, während bis dahin — abgesehen von örtlichen kleinen Luftbewegungen — kein nennenswerter Wind während der ganzen Entwicklung zu bemerken war. Allmählich wird der Raum unter der geschlossenen hellgrauen Schicht mit dickerem und meist dunklerem Gewölke immer mehr ausgefüllt und dann fallen die ersten Tropfen.

Die Hausfrau, die Wäsche aufgehängt hat, sei ganz besonders vor diesen ersten Tropfen gewarnt, denn sie bringen die Abgase der Fabriken und Verunreinigungen der Luft — vor allem nach längerem trockenem Wetter — „fein säuberlich“ wieder mit. Bei dieser Wetterumbildung beginnt der Niederschlag meist sehr verhalten, oft nur einige Tropfen — Bild 49 — oder etwas Regen wenige Minuten lang, um dann wieder — meist aber nur kurz — auszusetzen. Diese kleine Pause ist wirklich das letzte Alarmzeichen, denn dann setzt endgültig gleichmäßiger Regen ein — siehe Bild 50 —, der unter Umständen zum Landregen werden kann.

Wer zuhause ein Barometer hat und es bei einer solchen Wetterlage aufmerksam beobachtet, wird feststellen, daß der Zeiger stetig nach links rückt: der Luftdruck fällt. Es ist durchaus möglich, daß bei der eben geschilderten Wetterentwicklung der Zeiger unseres Barometers in zwei bis drei Tagen sich um 10 bis 20 Striche nach links verschieben kann.

Kapitel 9: Kalte Luft aus NNW

Wir lernen nunmehr eine andere Art eines Wetterumschlages kennen. Nicht langsam, mit tagelanger Wolkenvorbereitung, ruhigem Niederschlag und geringen Winden, sondern schneller und mit kräftigeren Wettererscheinungen, mit Gewitter und schauerartigem Regen, mit Sturm und fühlbarem Temperaturrückgang erfolgt das Wettergeschehen, das uns jetzt beschäftigen soll.

Nach Kapitel 7 hätte man irrtümlicherweise annehmen können, daß ein Gewitter nur in den Mittags- oder Nachmittagsstunden erfolgen könne; wir haben aber alle schon Gewitter bei Nacht und Gewitter im Winter erlebt. Es muß also noch eine andere Art von Gewitterentstehung geben.

Wenn auch der Wolkenaufbau hierzu wesentlich schneller als im Kapitel vorher erfolgt, so ist auch dieser Wetterumschlag mindestens einige Stunden zuvor sicher zu bemerken. Im Sommer ist es heiß und schwül und die Sicht verdächtig klar. Wie im Kapitel 8 beginnen die Wolken zunächst in großen Höhen mit den uns bekannten Fasern und Federn, doch wesentlich schneller — oft in Büscheln — über den Himmel zu ziehen.

Bild 51 zeigt eine sehr leichte Entwicklung dieser Art: Wir sehen in der Höhe unsere kritischen Federwolken und darunter Haufenbewölkung, an der wir aber eine deutlich gedrehte Form erkennen. Man sieht den Wolken buchstäblich die Bewegung an.

Meist aber kommt die Entwicklung viel kräftiger: Im Westen oder Nordwesten wird es dann zusehends dunkler und über den ganzen Horizont baut sich wie auf einer Front — siehe Bild 52 — eine Reihe von Türmen auf. Es sind also nicht wie in Kapitel 7 einzelne Türme, die auf ein örtliches Wettergeschehen schließen lassen, sondern jetzt handelt es sich um einen Generalangriff, der ähnlich wie im letzten Kapitel — aber viel rascher und stürmischer — in einer Breite von rund 1000 km über ganz Europa hinwegzieht, so daß ein Ausweichen irgendwelcher Art nicht möglich ist. Diese Entwicklung ist ebenfalls an keine Tageszeit gebunden; wir werden nur bemerken, daß sie in den Mittagsstunden besonders stürmisch verläuft.

51

52

53

54

55

56

57

58

Noch ist es fast windstill, aber immer mehr bedeckt sich der Himmel mit den hohen weißen Schichten, die Sonne wird verdunkelt und damit die ganze Szenerie wesentlich drohender. Bald bauschen sich die Türme immer kräftiger auf und über der gesamten Wolkenentwicklung steht in der Richtung, aus der das Wetter kommt, ein gewaltiger Wolkenschirm. Die weitere Entwicklung geht dann sehr rasch: Am Horizont ist deutlich ein hellgrauer Streifen unter einem dunkleren, zerfetzten Kragen zu erkennen, während darüber die Bewölkung immer chaotischer wird. Nach einer verräterischen Windstille setzen kräftige Böen ein und der immer stärker werdende Wind wechselt seine Richtung oft schlagartig von Westen auf Nordwesten. Mit einer gewaltigen Wolkenwalze, mit Blitz und Donner und meist platzartig einsetzendem Regen schiebt sich nun das Wettergeschehen über uns hinweg. Es entstehen Motive, wie wir sie in den Bildern 55 und 56 festgehalten haben.

Die Wolken hängen dann sehr tief und reichen bis in die höchsten Höhen, so daß das Sonnenlicht fast überhaupt nicht mehr durchkommt und am „hellen Tag" ganz dunkle Szenerien entstehen. Meist bemerken wir auch schnell dahinziehende Fetzen wie auf den Bildern 57 und 58, die einen zeitlichen Abstand von nur einer Sekunde aufweisen.

Meist geschieht die Wetterumbildung in einzelnen Staffeln, d. h. nach einem ersten Durchzug und vielleicht kurzfristiger Aufklarung erfolgt der zweite Einbruch. Markant sind dabei die walzenartigen Wolkenformen, die meist sehr schnell immer wieder zum Niederschlag führen. Wir sehen dies auf Bild 53 und 5 Minuten später auf Bild 54.

Im Verlauf des nächsten Tages klingt dann das Wettergeschehen ab: Die Schauer werden seltener und schwächer und die Zwischenaufhellungen länger — hier gilt nochmals Bild 51. Den endgültigen Abschluß mögen wir daran erkennen, daß der Himmel uns nur noch einzelne Haufenwolken zeigt und in der Höhe keinerlei Federgewölke mehr wahrnehmbar ist.

Meist werden wir dann wieder eine sehr gute Fernsicht feststellen können, die nunmehr keineswegs als Regenanzeichen angesehen werden darf; denn der Niederschlag hat die Luft gereinigt, so daß eine klare Sicht entstehen muß. Sie ist also hier ein Schönwetterzeichen!

Wer in seinen Urlaub fährt, will schönes Wetter haben, und wer den Urlaub in den Alpen verbringt, will auch Bergfahrten machen. Wenn ein Tag wolkenlos beginnt und die vorhergehenden Tage auch schön waren, so ist es verständlich, wenn der Berg- und Wetterunerfahrene sich einfach nicht vorstellen kann, wie im Laufe eines Tages — vielleicht sogar in wenigen Stunden — sich das Wetter ändern kann. Wir erleben in den folgenden Bildern in den Allgäuer Bergen rund um Oberstdorf zwei Tage, die jedem Bergwanderer ein Musterbeispiel sein mögen!

Eben an einem solchen schönen Tag schiebt sich aus dem morgendlichen Dunst — siehe Bild 59 — drüben am Nebelhorn ein degenartiges Wolkengebilde von links nach rechts, d. h. vom freien Land in die Berge vor, genau genommen von Nordwesten nach Südosten. Die Wolke — wir sehen sie in Bild 60 eine halbe Stunde später — sieht so harmlos aus, daß man es nicht wahrhaben will, wenn jetzt ein Wetterkundiger warnt, eine große Bergfahrt zu unternehmen oder wenn er rät, feste Schuhe anzuziehen und einen guten Wetterschutz mitzunehmen. Hier erleben wir, daß der sogenannte Schönwetterdunst, der noch in den Tälern lagert, uns fälschlicherweise für den ganzen Tag Schönwetter verspricht.

Noch verläuft der Vormittag mit strahlend blauem Himmel, aber immer höher zieht der Wolkendegen. Auch an anderen Bergen beginnt er sich zu entwickeln und um die Gipfel herumzulegen — siehe Bild 61! Wieder einige Zeit später, es ist beinahe Mittag geworden, haben die Wolken die Gipfel bedeckt und vollständig eingehüllt — vergleiche Bild 62.

Vielleicht haben wir schon in den Bergen erlebt, daß wir morgens bei geschlossener Bewölkung aufwachen und sich die bestehende Wolkenschicht im Laufe des Tages auflöst. Wir haben dabei beobachtet, daß diese Auflösung stets zuerst über den Tälern erfolgt. Die restliche Bewölkung verbleibt dann zunächst an den Bergen und alle Gipfel tragen solche Hauben, wie wir sie eben in Bild 62 kennengelernt haben.

Wir haben dann bemerkt, wie diese Wolkenhauben sich im Laufe des Nachmittags oder sogar erst am anderen Tag langsam auflösten

59

60

61

62

63

64

65

66

und wolkenloses schönes Wetter brachten. Es ergibt sich also, daß diese Wolkenhauben und -kappen über den Berggipfeln einmal Schönwetter und ein andermal Regenwetter künden. Wieder ein typisches Beispiel dafür, daß aus der Wolkenform allein keine Wetterprognose zu stellen ist, wenn man die vorhergehende Entwicklung nicht beobachtet hat. Wenn wir bemerken, daß sich die Wolken von unten her auf den Berg hinaufschieben, dann heißt dies einwandfrei Wetterumschlag, so wie wir es im folgenden kennenlernen werden. Die Erfahrung zeigt dabei stets, daß die Wetterentwicklung in den Bergen schneller und nachhaltiger geschieht als im flachen Land.

Und doch schlägt das Wetter nie so schnell um, wie es diese Bezeichnung auszudrücken scheint, jedenfalls nicht für den aufmerksamen Bergwanderer. Es sei an dieser Stelle noch einmal bemerkt, daß eine Wetteränderung nicht erst mit einsetzendem Niederschlag gegeben ist und daß der Gewitter- oder Regenbeginn nur dem als „plötzlich“ erscheint, der Wetterverlauf und Wolkenbildung vorher nicht beachtet hat.

Die Stunden nach Mittag am ersten unserer beiden Beobachtungstage bringen nun vollständige Eintrübung. Es kommt zunächst geschlossene, hohe und schleierartige Bewölkung auf und die Sonne wird trüb. Dann verschwindet der Dunst aus den Tälern, die Vorberge erscheinen in völlig klarer Sicht nahegerückt und die höheren Berge ziehen voll „Nebel“. Die Bilder 63 und 64 — gegen 14 Uhr aufgenommen — zeigen die schon aus dem letzten Kapitel bekannten dunklen Walzen, die nun gegen die Berge anlaufen.

Dann geht es vollends rasch: Wind kommt auf, der Himmel schließt sich auch in den unteren Schichten vollständig und die Szenerie — es ist ja erst Nachmittag — wird fast stockdunkel. Gleich darauf beginnen Wolkenfetzen in knapp 50 bis 100 m Höhe über das Tal hinwegzufegen. Die Bilder 65 und 66 zeigen den eigentlichen Wettereinbruch bei Sonthofen gegen 15.30 Uhr, eben an dem Tag, der morgens so schön und vielversprechend begonnen hat. Stundenlang rollt nun der Donner und beachtliche Wassermassen gehen über Berg und Tal nieder.

Nachdem sich in der Nacht das Wetter etwas beruhigt hatte, stieg ich am Morgen des zweiten Tages immer noch bei geschlossener Bewölkung — aber ohne Niederschlag — über Einödsbach zum Waltenberger Haus (2000 m) auf. Der Vormittag erbrachte die Bilder 67 und 68: Wolkenfetzen ziehen an den Bergen hoch und künden dem Bergerfahrenen weiteren Niederschlag an. Ein Hellerwerden zwischen den tiefen, dunklen Wolken über den Schafalpenköpfen im Westen ist verräterisch und darf nicht als Schönwetterzeichen angesehen werden; denn dies ist ja kein blauer Himmel, sondern die weißliche Schicht in den oberen Höhen, die wir bei all diesen Wetterumschlägen als charakteristisch für den folgenden Niederschlag erkannt haben. Es wäre also falsch, aus der Regenpause und aus der stellenweise lichteren Bewölkung auf niederschlagsfreies Wetter zu schließen.

Der Nachmittag des zweiten Tages brachte dann auch den zweiten Akt dieses Wettergeschehens, der dem ersten in nichts nachstand. Das Bild 69 entstand ungefähr um 17 Uhr kurz vor dem wieder einsetzenden Niederschlag. Man sieht über dem Stillachtal und Oberstdorf schon wieder ein Gewitter in voller Aktion, wobei wiederum diese typisch kleinen Fetzen auftreten, die uns nun schon wiederholt begegnet sind. Wie wir hier sehen, sind sie zur Abwechslung einmal ganz unnatürlich weiß. Es ist also gleichgültig, ob solche Fetzen, die unter einer geschlossenen Wolkendecke dahinziehen, heller oder dunkler sind: sie sind stets das Vorzeichen des in Kürze einsetzenden Niederschlags. Ja, man kann sogar sagen: Je krasser die Farbkontraste, desto nachhaltiger sind Gewitter und Niederschlag.

Bis in die Nacht hinein tobten wieder die Elemente mit starken Niederschlägen und elektrischen Entladungen und erst am Morgen des dritten Tages war die Entwicklung abgeklungen. Bild 70 ist fast vom gleichen Standpunkt wie Bild 69 aufgenommen und zeigt nun wieder blauen Himmel und die restlichen Wolken bei Abschluß dieses Wettervorgangs. Wir sehen den Himmel wieder frei von Federwolken und weißen hohen Schichten; nur noch einzelne Haufenwolken sind vorhanden, die aber nur leicht aufquellen. Systematisch löste sich dann die Bewölkung an diesem Tag vollends auf. Die damit verbundene gute Fernsicht gehörte zu dem zurückliegenden Wetterablauf, das heißt, sie war durch den Niederschlag entstanden. Deutlich war gegenüber den Vortagen festzustellen, daß der Luftdruck während der Gewitter zugenommen hatte und die Temperatur beträchtlich zurückgegangen war.

67

68

69

70

III. Abschnitt: Der Wetterfrosch und seine Werkstatt

Kapitel 11: Messen am Boden

Das Wolkenbild und die Veränderungen in den Wolken spielen auch beim Meteorologen eine bedeutende Rolle. Darüberhinaus will der Wissenschaftler über den Aufbau und den augenblicklichen Zustand der Luft ständig genau im Bilde sein. Dem Laien mag es genügen, festzustellen, daß es heute wolkig und windig ist und daß es morgen regnen wird — in der Wissenschaft aber werden genaue Meßergebnisse gefordert.

Daß der Wetterwart ein Barometer und ein Thermometer hat, ist allgemein bekannt; weniger bekannt sind die anderen Instrumente, mit denen heute auf den Wetterstationen gearbeitet wird. Aus den nachstehenden Ausführungen mag der Liebhaber-Wetterfrosch einige Anregungen entnehmen für den Fall, daß er nicht nur Wolken beobachten, sondern sich eine kleine *Hauswetterwarte* bauen möchte.

Im *Barometer* wird nicht nur die Höhe des Luftdrucks, sondern auch seine Veränderung gemessen, die sich bei verschiedenen Wetterlagen durch das unterschiedliche Gewicht der Luft ergibt. Da der Luftdruck durch alle Räume hindurchgeht, kann man den Außenluftdruck ohne weiteres im Zimmer innen messen. Auch der Wetterwart registriert den Luftdruck im Innern seiner Beobachtungsstelle und benützt dabei heute noch das altehrwürdige, aber sehr verläßliche Quecksilberbarometer — siehe Bild 71 rechts. Während hier das Gewicht der Luft Quecksilber in einer oben luftleer abgeschlossenen Röhre in die Höhe drückt und so der Stand der Quecksilbersäule die Größe des Luftdrucks angibt, werden in den handelsüblichen Barometern die Luftdruckänderungen von einer luftleeren Dose registriert und auf ein Zeigerwerk übertragen. Da bei gleicher Wetterlage der Luftdruck an einer Wetterstation, die 800 m NN (Normalnull = Meeresspiegel)

Tafel II. *Föhnstimmung über der Mädelegabelgruppe bei Oberstdorf/Allgäu. Schäfchen, Wellen und typische, zigarrenförmige Föhnwolken. Regen am folgenden Tag.*

hoch liegt, geringer ist als an einer Station, die beispielsweise nur 200 m NN hoch liegt, müssen die Meteorologen den gemessenen Luftdruck einheitlich auf Meereshöhe umrechnen, damit die Werte der verschiedenen Stationen miteinander verglichen werden können.

Zum Messen der Temperatur steht stets in der Nähe der Wetterstation eine kleine Hütte, ein luftdurchlässiges „Jalousiehäuschen“, in dem — zwei Meter über dem Erdboden — regengeschützt die Instrumente aufgehängt sind. Bild 72 zeigt die Hütte mit geöffneten Türen. Wenn jemand sein *Thermometer* in die Sonne hängt, um festzustellen, wieviel Grad es „in der Sonne“ hat, so ist dies unsinnig, denn er hat dann lediglich die Temperatur der erhitzten Hauswand gemessen. Es ist nur sinnvoll, echte Lufttemperaturen im Schatten zu messen. Wer also keine Wetterhütte hat, muß sein Thermometer möglichst frei auf der Nordseite seines Hauses so aufhängen, daß es von den Sonnenstrahlen nicht getroffen wird. Unter anderem werden in der Hütte auch die extremen Temperaturen gemessen, das heißt die höchsten und niedersten eines jeden Tages.

Neben Barometer und Thermometer finden wir auf den Wetterstationen auch stets *Barograph* und *Thermograph,* Geräte die selbsttätig auf einer Trommel die Werte dauernd registrieren, so daß auf einem Wochenblatt der Verlauf von Luftdruck und Temperatur übersichtlich verfolgt werden kann.

In der Nähe der Hütte finden wir noch zwei andere Instrumente: Den *Regenmesser,* eine Blechkapsel mit einheitlichem Durchmesser, in der die täglichen Niederschlagsmengen gemessen werden, und den *Sonnenscheinmesser,* meist eine Glaskugel, die — als Brennglas wirkend — eine Spur auf einen Papierstreifen einbrennt. Die Länge der Brennbahn ergibt dann die Dauer des täglichen Sonnenscheins.

Meist auf dem Dach der Wetterwarte befinden sich die *Windmeßgeräte:* Eine regelrechte Windfahne, die angibt, aus welcher Richtung der Wind weht, und ein Instrument zur Messung der Windgeschwindigkeit, meist ein drehbares Schalenkreuz, das der Wind in Umdrehung setzt — vergleiche Bild 77 links unten. Häufig sind diese beiden Instrumente heute kombiniert — ein Übertragungssystem ermöglicht die Ablesung im Arbeitsraum.

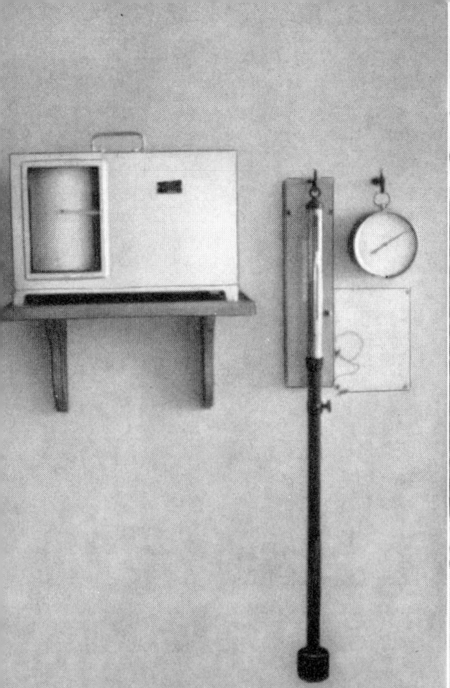
71

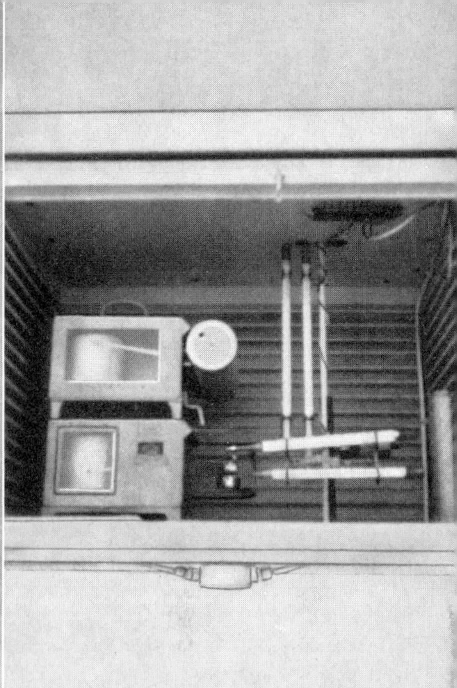
72

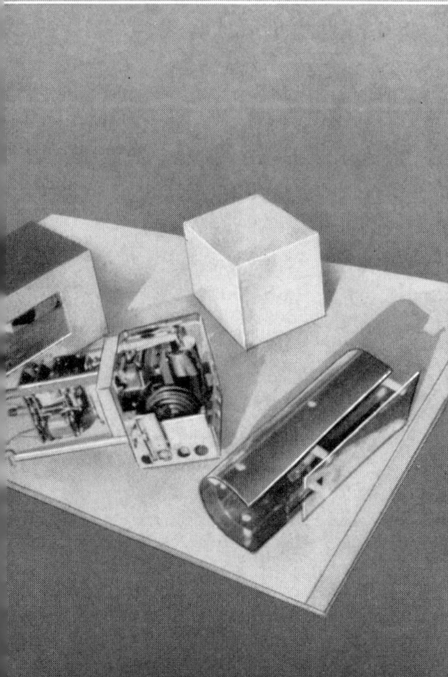
73

74

75

76

77

78

Da die Werte, die der Meteorologe am Boden mißt, nicht ausreichen, um einen genauen Überblick über die gesamte Wetterlage zu erhalten, wird auch der Zustand der Luft in der Höhe gemessen. Schon früher hat man mit Drachenaufstiegen Windrichtung und Windgeschwindigkeit in der Höhe ermittelt. Seit längerem ist es nun üblich, mit Ballonen, an die Meßinstrumente angehängt werden, bis in die Stratosphäre aufzusteigen. Da die Ballone unbemannt sind und der Meteorologe nicht warten kann, bis die Instrumente wieder am Boden anlangen, mußte ein Verfahren entwickelt werden, das gestattet, die während des Aufstieges gemessenen Werte sofort zu erfahren und auszuwerten.

Hierzu wird die sogenannte *Radiosonde* benützt, ein Gerät, bei dem ein Sender mit Kurzwelle Signale ausstrahlt, die am Boden empfangen werden. An diese Signale, die entweder unterbrochen oder verändert werden, sind die Instrumente angeschlossen — ein Verfahren, wie es in vollendeter Form bei den künstlichen Satelliten angewandt wird. Damit erfährt der Meteorologe laufend die Druck- und Temperaturverhältnisse vom Boden bis in die Höhe, in der der Ballon platzt — meist in etwa 12 bis 15 km. Die nebenstehenden Bilder geben einen kleinen Ausschnitt von einem solchen Radiosonden-Ballonaufstieg.

Zunächst finden wir auf Bild 73 eine zerlegte Sonde, ein recht kompliziertes Instrumentarium, das natürlich vorher peinlich geprüft und geeicht wird; in der Mitte erkennen wir deutlich die Druckdose. — Im Bild 75 sehen wir den startfertigen Ballon, der am Boden einen Durchmesser von annähernd zwei Metern aufweist. In den oben genannten Höhen beträgt aber der Durchmesser des Ballons das zwei- bis dreifache, da dort der Druck von außen wesentlich geringer ist als am Boden. Die Sonde, die der Meteorologe mit dem ganzen Geleit bis zum Startsignal hält (Bild 76), hängt in ungefähr 30 m Abstand vom Ballon an einem Draht, der als Antenne dient.

Um den Wind in der Höhe nach Richtung und Geschwindigkeit zu ermitteln, wird der Ballon heute meist durch eine Radaranlage — siehe Bild 74 — verfolgt. Dazu hängt unter dem Ballon ein drachenartiges Gebilde, das so konstruiert ist, daß die Radarstrahlen gut zurückgeworfen werden — vergleiche die Bilder 75, 77 (vor dem Start) und 78 (nach dem Start).

Mit dem Start beginnen die Meteorologen sofort, den Sender abzuhören und die Meßergebnisse auszuwerten. Wenn der Ballon nach ungefähr 30 bis 50 Minuten platzt, kommt das Geleit an einem ebenfalls anhängenden kleinen Fallschirm wieder herunter. Wir sehen ihn noch zusammengefaltet im Bild 75 direkt unter dem Ballon. Ein Finderbrief — der auch eine kleine Belohnung zusichert — gibt darüber Aufschluß, was der Finder mit dem Gerät tun soll. Die gefundenen Instrumente werden zur Auswertung des zurückliegenden Aufstiegs nicht mehr benötigt, werden aber, wenn sie unbeschädigt geborgen werden, nach entsprechender Überprüfung und neuer Eichung für einen weiteren Aufstieg wieder verwendet. In Europa gibt es jetzt weit über 30 solcher Sondenstationen, die täglich zweimal, einmal um Mittag und einmal um Mitternacht, einen Aufstieg durchführen. Durch dieses Verfahren wird somit die Luft nach oben messend sondiert.

Durch ein raffiniert ausgeklügeltes Fernschreibsystem tauschen die Wetterstationen innerhalb der einzelnen Länder, sowie international die größeren Stationen aller Länder die gemessenen Werte von Boden und Höhe gegenseitig aus. Denn nur dadurch können sie über die augenblickliche Wetterlage und den weiteren Verlauf des Wettergeschehens, zum Beispiel über das Weiterrücken einer Gewitterfront, eine präzise Aussage machen.

Der hier zur Verfügung stehende Raum läßt es nicht zu, alle Instrumente, die ein Wetterwart zur Verfügung hat, eingehend zu beschreiben. Darüberhinaus haben wir einige Instrumente bewußt übergangen, deren Verwendungsnotwendigkeit erst nach dem Studium der nächsten Kapitel verständlich wird. Eine genaue Übersicht über das Instrumentarium mit den entsprechenden Fachausdrücken finden wir auf Seite 173. Wenn im Gegensatz zum „Messen in der Höhe“ das vorhergehende Kapitel „Messen am Boden“ benannt ist, so darf dies nicht wörtlich genommen werden, da — wie wir dort gehört haben — die Messungen etwas über dem Erdboden, zum Beispiel im „Jalousiehäuschen“ in 2 m Höhe erfolgen.

IV. Abschnitt: Die kleinen Dinge

Kapitel 13: Unser Weinglas beschlägt sich

Wo beginnt die Wetterkunde? Bei einem Glase Weißwein! Es ist bekannt, daß im Gegensatz zum Rotwein der Weißwein am besten kühl genossen wird. Kaum ist der Wein kredenzt, wird der Kenner mit lässiger Fingerbewegung am Weinglas außen entlangstreichen, um festzustellen, ob das Glas sich beschlägt. Er weiß: Wenn das Glas sich nicht beschlägt, ist der Wein nicht kühl genug. Zweifellos war vor dem Einschenken das Glas innen und außen trocken und kurze Zeit danach — sofern eben der Wein genügend kalt ist — beschlägt sich das Glas außen mit winzig kleinen Wassertröpfchen. Dabei ist der Wein keineswegs übergelaufen. Nein, obwohl das Glas trocken war, wird es kurz nach dem Einschenken außen naß. Diese Feuchte muß also irgendwie aus der Luft gekommen sein. Fast erscheint es wie Hexerei; aber den umgekehrten Vorgang, daß nämlich Wasser in die Luft verschwindet, kennen wir doch!

Wenn wir in einem Zimmer mit Dampfheizung die Luft als zu trocken empfinden, stellen wir einen Behälter mit Wasser auf und, siehe da, nach einiger Zeit, spätestens am anderen Tag ist das Wasser aus dem Behälter verschwunden. Wir ahnen also den Zusammenhang: Durch Erwärmen verschwindet das Wasser und durch Abkühlen — siehe Weinglas — kommt es wieder. Das Wasser hat somit als Gas einen für uns unsichtbaren Weg durch die Luft eingeschlagen. In unserem Beispiel hat der kalte Wein von innen her das Glas abgekühlt und dieses wiederum kühlt die Luft ab, die sich um das Glas befindet. Dieses Wiederkommen des Wassers aus seinem gasförmigen und unsichtbaren Zustand aus der Luft kennen wir sicherlich aus vielen anderen Beobachtungen unseres täglichen Lebens, zum Beispiel wenn sich die Fenster in der Eisenbahn oder im Auto beschlagen. Auch der Brillenträger kennt den Vorgang ganz genau!

Die Erfahrung hat uns dabei gezeigt, daß dieser Beschlag im Sommer, wenn zwischen Drinnen und Draußen nur geringe Temperaturunterschiede vorhanden sind, kaum erfolgt, daß er aber bei starken Temperaturgegensätzen sehr rasch auftritt; im Winter zum Beispiel oder häufig auch in den Übergangsjahreszeiten. Der Vorgang spielt sich dann wie folgt ab: Wir steigen in das ungeheizte Auto ein und die Fenster sind klar und trocken; dann stellen wir die Heizung an und fahren ab. Kurz danach sitzen tausende, winzigkleine Wassertröpfchen an den Scheiben — wohlgemerkt aber nicht außen, wo es kalt ist, sondern innen, wo wir warmgemacht haben. Die Fenster werden beim Fahren von außen kalt und kühlen in ihrer Nähe die Luft innen so weit ab, bis diese ihre Feuchte absetzt. In einem überheizten und gut besetzten Eisenbahnwagen läuft im Winter buchstäblich das Wasser an den Scheiben herunter; es hat sich aus der Wagenluft heraus durch Abkühlung an den Fensterscheiben innen als Beschlag angesetzt.

Wenn die Luft warm bleibt, ist sie „stark“ genug, dieses unsichtbare, gasförmige Wasser in sich zu speichern; wird sie aber abgekühlt, anscheinend „geschwächt“, dann erleben wir diesen Ausfallprozeß bzw. das, was wir als Beschlag bezeichnen. Wir können uns diesen Vorgang in einem Vergleich ungefähr so vorstellen: Wenn wir mit warmen Händen einen Koffer tragen, so können wir dies über längere Zeit. Je wärmer also unsere Hände, desto größer unsere Fähigkeit zum Koffertragen — je wärmer die Luft, um so mehr verdunstetes Wasser kann sie in sich tragen. Wenn unsere Hände aber kalt werden, entgleitet uns der Koffer aus den klammen und geschwächten Fingern — genauso der Luft das Wasser, wenn sie geschwächt, das heißt abgekühlt wird.

Der Physiker hat für diesen Zustand des unsichtbaren Wassers in der Luft das verwirrende Wort „Wasserdampf“ eingeführt. Wir denken dabei sofort an das, was wir in der Waschküche sehen oder an das, was aus dem Schlot einer Lokomotive kommt. Was wir aber mit den Augen wahrnehmen können, ist kein Wasserdampf im physikalischen Sinn, sondern schon wieder das Ergebnis eines Abkühlungsvorganges, ähnlich dem Beschlag am Fenster. In der Waschküche erfolgt, nachdem entsprechend Wasser aus dem Kessel verdunstet ist, sofort wieder in der kühleren Luft und an den kühleren Wänden der Beschlag in Wassertröpfchenform. Beobachten wir den „Dampf“ über dem Schornstein einer Lokomotive genau, so sehen wir ein kurzes Stückchen über dem Schornstein tatsächlich nichts — dort haben wir den echten, unsichtbaren Wasserdampf. Erst etwas darüber sehen wir den Qualm, den der Laie eben als Dampf bezeichnet, der aber physikalisch kein Dampf ist, sondern eine künstliche Wolke! Man hätte vielleicht gut daran getan, statt „Wasserdampf“ einen anderen Ausdruck zu prägen, denn im Volksmund dampft eben die Lokomotive. Streng genommen müßte man also sagen: Die Lokomotive „wolkt“ und die Waschküche „nebelt“! Entgehen wir dieser Begriffsverwirrung, sprechen wir lieber von „Wassergas“ oder umschreiben das unsichtbare Ding, das entsteht, wenn Wasser durch Erwärmung in die Luft hinein verdunstet. Wenn es durch Abkühlen wieder sichtbar herauskommt, ist es wieder Wasser, nun aber in Form von vielen sehr kleinen Tröpfchen, die sich am Weinglas, am Fenster oder sonstwo festsetzen. Ist viel davon in der Luft und hat „es“ sich noch nirgendwo festgesetzt, dann bemerken wir, daß die Luft dunstig und die Fernsicht beeinträchtigt wird. Dunst kann aber auch durch Staub und andere Verunreinigungen der Luft entstehen.

Kapitel 14: Tau und Reif

Die Flüssigkeit für unsere Beschläge kommt also aus der Luft. Wir werden nun kennenlernen, wie solche Abkühlungsvorgänge als Wettermacher wirken. Wir gehen an einem Abend durch Gras und stellen fest, daß es naß ist, ohne daß es geregnet hat. Auch hier ist es lediglich die Abkühlung, die das Gras naß gemacht hat, denn gegen Abend, wenn die Sonne untergeht und keine Erwärmung mehr erfolgt, kühlen der Erdboden und damit auch die dem Erdboden aufliegenden untersten Luftschichten aus. Es kommt also zur „Schwächung“ dieser Luft und damit fällt das in ihr unsichtbar enthaltene Wasser aus. So wie im letzten Kapitel das Weinglas und die Fensterscheibe als Ansatzpunkt für das ausfallende Wasser gedient haben, so setzen sich hier die kleinen Wasserperlen an den Grashalmen fest.

Oft bemerken wir den abends am Boden entstandenen Beschlag erst am anderen Morgen, wenn die Sonnenstrahlen in die Tröpfchen hineinscheinen und von dort zurückkehrend in der ganzen Skala der Regenbogenfarben unser Auge treffen. Dann sprechen wir von Tau und den verschiedenfarbigen Tautröpfchen, wobei wir erkennen mögen, daß aus jedem Tautröpfchen auch jeder Farbstrahl der Regenbogenfarben herauskommt. Wir brauchen uns nur ein klein wenig hin- und herzubewegen und können dann das ganze Farbspiel an einem einzigen Tautröpfchen beobachten.

Es wird natürlich auch vorkommen, daß die Luft an einem Sommerabend sehr trocken ist und die Abkühlung dann nicht reicht, die Wiese naßzumachen; aber gegen Morgen kann es doch so kühl werden, daß sich Tautröpfchen bilden. Die Tautröpfchen sind also niemals Regentropfen, die in der Nacht gefallen sind, sondern sie entstehen infolge der Abkühlung der bodennahen Luftschichten. Es kommt also stets auf die herrschenden Temperaturen und den Feuchtigkeitsgehalt der Luft an. Wer die Luft messend verfolgen will, muß also zum Thermometer auch einen Feuchtigkeitsmesser nehmen, um eine vollständige Aussage über den Zustand der Luft machen zu können.

Daß die Luft verschieden feucht sein kann, fühlen wir auch sehr gut. Es kann im Sommer 30 Grad Celsius haben (aber, bitte, nur im Schatten messen!) und wir empfinden dies wohl als warm oder heiß, aber nicht als unangenehm, weil die Luft trocken ist. Als unangenehm, schwül oder „dämpfig“ bezeichnen wir den Zustand der Luft bei vielleicht nur 20 Grad Celsius, wenn sie eine hohe Feuchte aufweist, also viel verdunstetes Wasser in sich gespeichert hat.

Die zur Taubildung benötigte Abkühlung kann nur erfolgen, wenn die Nacht keine oder nur geringfügige Bewölkung bringt, denn nur dann kann die Erde ihre vom Tag her aufgespeicherte Wärme leicht wieder ausstrahlen und an der Oberfläche abkühlen. Wird diese Ausstrahlung in der Nacht durch eine geschlossene Bewölkung verhindert — die Erde hat sich damit einen wärmenden Schutzmantel zugelegt — so kann sich kein Tau bilden.

Wer schon nachts im Freien war oder biwakiert hat, weiß sehr gut, wie die Temperatur vom Grad der Bewölkung abhängt. Wenn wir also morgens Tau beobachten, so kann dieser nur entstanden sein, wenn nachts keine oder fast keine Bewölkung da war, und dies ist zunächst ein Zeichen von Schönwetter. Beobachten wir morgens keinen Tau, so werden wir sicherlich gleichzeitig Bewölkung feststellen, und da diese zur Tauverhinderung schon die ganze Nacht bestanden haben muß, entspricht sie wahrscheinlich einem Wolkenaufzug, wie wir ihn in Kapitel 8 kennengelernt haben. Somit kann die Tatsache, daß kein Tau entstanden ist, als Regenanzeichen gewertet werden. Im großen und ganzen stimmen diese Tauregeln ganz gut, doch kann es auch Ausnahmen geben. Es kann sich zum Beispiel ein örtliches Gewitter in den Nachmittagsstunden entwickeln, obwohl wir morgens Tau beobachtet haben.

Sind wir im Spätherbst oder im Winter und sinken die Temperaturen gegen Morgen unter die Nullgradgrenze, so werden wir an den Grashalmen keine Wassertröpfchen, sondern winzig kleine Eiskristalle finden. Der ganze Boden, alle Grashalme und Gegenstände sind dann mit einem weißlichen zuckerartigen Eisbelag überzogen, den wir als Reif kennen. Der Reif verschwindet sofort wieder, wenn die Sonne ihn am Vormittag zum Schmelzen bringt. Selbstverständlich kann er genauso auch im Frühjahr auftreten, unter Umständen sogar noch spät im Mai. Also merken wir uns: „Der Reif fällt nicht", sondern er wächst durch Abkühlung der tiefsten Luftschichten am Boden, sofern die Temperaturen unter die Nullgradgrenze absinken. Sein Erscheinen kann sogar noch sicherer als der Tau als Schönwetterzeichen für den Beobachtungstag gewertet werden.

So wie bei Frost statt Tau Reif entsteht, so können wir am Fenster statt des Tröpfchenbeschlages Eisblumen vorfinden. Auch sie sitzen wie der Beschlag dann innen an den Fenstern oder Türen.

Kapitel 15: Es gibt Bodennebel

Wo die Feuchte herkommt, ist uns nun bekannt. Die Frage, wie sie in die Luft hineinkommt, haben wir eigentlich auch schon beantwortet. So wie das Wasser aus einem Behälter über der Dampfheizung oder aus dem Teekessel entweicht und verdunstet, so geben draußen in der Natur alle Gewässer, Seen, Flüsse, Meere und nasse Wiesen — seien sie nun regen- oder taunaß — Wasser in die Luft hinein ab, im warmen Sommer natürlich mehr als im kalten Winter, denn ohne Wärme geht es nicht! Und stets, wenn Abkühlung erfolgt, kommt das Wasser von seinem unsichtbaren Umweg wieder zurück, wie wir es in den letzten Kapiteln kennengelernt haben.

Ein anderer Abkühlungsvorgang soll hier kurz beschrieben werden: Gehen wir an einem klaren herbstlichen Abend, an dem wir deutlich Abkühlung empfinden, hinaus; wir werden über feuchten Wiesen, Bachläufen, Tümpeln oder Seen einen ganz feinen, rauchartigen Hauch bemerken, der dann allmählich zu Nebel wird, den wir ganz nieder über das Gelände schweben sehen. Es ist also wieder Wasser verdunstet, das sehr rasch in den abends oder nachts kühler werdenden bodennahen Luftschichten als Beschlag in der Luft sichtbar wird.

Der Nebel wächst also von unten her und STORM hat nicht ganz recht, wenn er sagt „Der Nebel steigt . . .“ Wenn wir immer weiter in den Spätherbst hineinkommen, vor allem, wenn es November wird und die Erde immer mehr auskühlt, wird dieser Bodennebel immer häufiger und in sich immer dichter werden.

Kapitel 16: Wer macht das kleine Sommerwölkchen?

Der Leser erinnert sich an die neugeborenen Wölkchen — Bild 2 und 4 in Kapitel 1. Wir haben uns dort nur mit der Tatsache der Wolkenentstehung als solcher begnügt und uns um die Erklärung gedrückt, woher denn diese Wölkchen kommen. Dies soll uns nun eingehend beschäftigen. Ein Segelflieger oder Ballonfahrer, der in ein solches Wölkchen „hineingreift“, wird feststellen, daß es sich um ein duftiges Gefüge aus vielen winzigen Tröpfchen handelt, wie ein Beschlag, der in der Luft schwebt. Es ist wie ein Häufchen Nebel, das aus flüssigen Wassertröpfchen besteht. Unwillkürlich denken wir an unsere künstliche Lokomotivwolke und ihre Entstehung — aber ganz so einfach ist es hier leider nicht!

Wir haben gesehen, daß die Wolken scheinbar aus dem Nichts heraus entstanden sind; sie sind nicht vom Wind herangeführt worden, sondern aus der Luft herausgekommen. Wir vermuten richtig, daß es ein ähnlicher Prozeß sein muß wie bei der Entstehung des Taues oder des Bodennebels, das heißt also, daß durch Abkühlung die Luft „geschwächt“ wurde und sich somit das in der Luft befindliche unsichtbare, verdunstete Wasser wieder in Tröpfchenform verflüssigt hat.

Diese Erklärung kann uns zunächst nicht ganz befriedigen, denn wir haben in den letzten Kapiteln gelernt, daß Tau und Bodennebel nur an kühlen Abenden, nachts oder morgens entstehen können. Wir haben noch nie erlebt, daß Tau sich am späten Vormittag oder frühen Nachmittag bildet. Um diese Zeit aber entstehen unsere Haufenwolken. Und doch können wir uns die Wolkenentstehung nur durch einen Abkühlungsvorgang vorstellen.

Wiederum kann uns der Segelflieger weiterhelfen; denn er weiß, daß unter den Wölkchen Luftströmungen senkrecht nach oben gehen; er sucht sich ja gerade die Stellen in der Luft, wo er mit hinaufziehen kann — die Wolken zeigen ihm diese Stellen an. Die Wolken müssen also von unten her entstanden sein. Und da sie meist am früheren oder späteren Vormittag auftauchen, dürfte also Erwärmung mit im Spiel sein. Damit haben wir die Frage zu klären: Warum steigt die Luft nach oben?

Da muß uns der Ballonfahrer helfen, denn er weiß, warum er seinen Ballon mit Wasserstoffgas, das heißt also mit einem Gas füllt, das leichter ist als die Luft. Wenn ein bestimmtes „Luftpaket" wie ein Ballon in die Höhe steigt, so muß dieses Paket leichter sein als die umgebende Luft.

Wenn es draußen kalt ist, während wir im warmen Zimmer sitzen und das Fenster öffnen, haben wir im kleinen auch Wetter gemacht, denn wir sagen sofort „es zieht". Warum setzt sich denn die Luft in Bewegung? Die wärmere Luft im Zimmer und die kältere draußen sind anders geartet, nicht nur der Temperatur, sondern auch dem Gewicht nach. Wir wissen, daß die wärmere Luft am Fenster oben hinausströmt und die kältere unten hereinkommt, denn wenn es zieht, merken wir es an den Beinen zuerst. Es muß also die kältere Luft schwerer sein als die wärmere bzw. je wärmer die Luft, desto leichter ist sie. Vielleicht haben wir auch schon bemerkt, daß es im Winter in der Eisenbahn unangenehmer zieht als im Sommer, selbst wenn nur ein kleiner Fensterspalt geöffnet ist; im Sommer können sämtliche Fenster offen sein: Wir empfinden das „Ziehen" dennoch viel weniger, weil dann praktisch keine Temperaturunterschiede zwischen Drinnen und Draußen herrschen.

Zurück zu unseren Wölkchen! Ein Sommermorgen beginnt kühl und wolkenlos, wahrscheinlich dann mit taubenetzten Wiesen. Dann kommt die Sonne, erwärmt den Boden und damit die bodennahen Luftschichten, die also wieder „stärker" werden und die Tautröpfchen verdunstet wieder aufschlucken. Die Sonne zieht höher, immer wärmer wird der Boden und damit erfolgt eine immer stärkere Erwärmung der Luft, aber stets von unten her. Dadurch wird die Luft leichter und beginnt wie ein Luftballon in die Höhe zu steigen, um in durchschnittlichen Höhen zwischen 600 und 1000 m wieder so abzukühlen, daß Wassertröpfchen sichtbar ausfallen und die Wolken entstehen.

Noch ein kleines Problem haben wir zu lösen, nämlich das, wohin sich die Wolkentröpfchen setzen; denn irgendwo müssen sie sich anheften können, so wie der Beschlag am Fenster oder der Tau am Gras.

Dies geschieht bei den Wolken in der Luft an winzig kleinen Partikelchen aller Art, die stets — für unser Auge unsichtbar — in der Luft vorhanden sind. Die Erfahrung hat dabei gezeigt, daß es an diesen Ansatzteilchen in der Luft nie fehlt. Wolken und Niederschlag hängen also nicht von der Zahl dieser Teilchen ab, sondern von der Luftfeuchte, der Hebung und der Abkühlung. Der Vorgang der Wolkenentstehung ist in Zeichnung 1 schematisch nochmals dargestellt. Bei dieser und den folgenden Skizzen sind stets die Sonnenstrahlen als offene Pfeile, alle Luftströmungen mit geschlossenen Pfeilen gezeichnet.

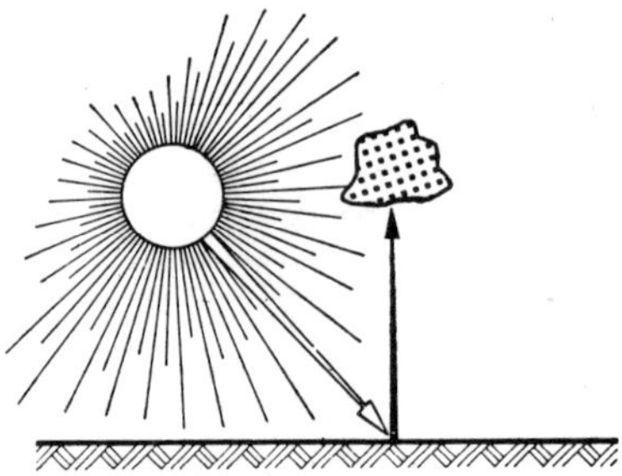

Zeichnung 1
Eine Haufenwolke entsteht von unten.

Zusammenfassend erkennen wir, wie „die kleinen Dinge", seien es Tau, Reif, Bodennebel oder kleine Sommerwölkchen, vom Tageslauf abhängen: der Tau kann nicht über Mittag und das Sommerwölkchen nicht nachts entstehen. Genausogut verstehen wir die Umkehrung der Vorgänge, das heißt: so wie nach der Sonnenerwärmung am Vormittag Tau und Reif schwinden, so lösen sich die Sommerwölkchen am Nachmittag oder gegen Abend ebenfalls wieder auf, weil es Kühler wird.

V. Abschnitt: Die großen Dinge

Kapitel 17: Die Sonne macht das Wetter

Die Überschrift hat eigentlich schon alles verraten und stellt auch keine Überraschung mehr dar, wenn wir die Zusammenhänge der letzten Kapitel aufmerksam verfolgt haben. Es sind also nicht geheimnisvolle, unkontrollierbare Dinge, die das Wetter machen, sondern ganz offenkundig ist es die Sonne. Wenn wir den Ursachen nachspüren, die die verschiedenen, kleinen und großen Wetterlagen gestalten, so werden wir erkennen, daß letzten Endes stets die Sonne ihre Hand im Spiel hat.

Wir sagen wohl, die Sonne, die uns mit einer ungeheuren Energie bestrahlt, gehe auf und unter bzw. sie strahle einmal stärker, ein andermal schwächer; in Wirklichkeit aber bleibt die Kraft der Sonne gleich. Es ist die Erde selbst, die durch ihre Rotation um ihre Achse die Strahlungswirkung der Sonne im Tageslauf verändert. Daß der Breitengrad, auf dem wir uns befinden, und die Jahreszeiten eine Rolle spielen, möge hier zunächst nur kurz erwähnt sein. Die Lufthülle, in der wir das Wetter beobachten, ist gleichzeitig ein Isolator vor allzugroßer Sonnenstrahlung. Man weiß, daß von der gesamten Sonnenenergie — vergleiche Zeichnung 2 — nur rund ein Drittel den Erdboden trifft, während das zweite Drittel in der Lufthülle steckenbleibt und das letzte Drittel wieder in den Weltenraum zurückgestrahlt wird.

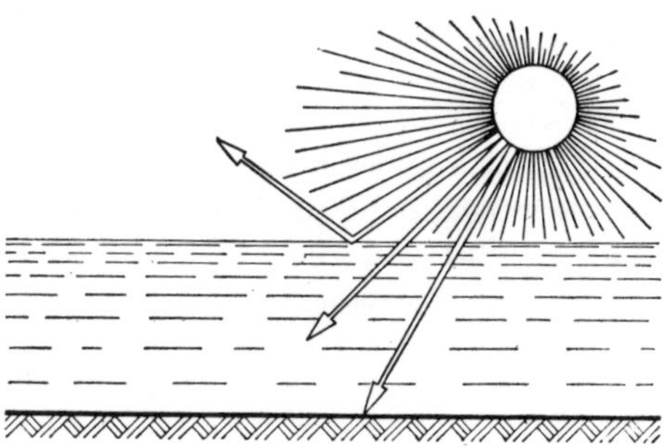

Zeichnung 2. Nur 1/3 der Sonnenstrahlung trifft die Erdoberfläche.

Der Laie stellt sich die Erwärmung der Luft meist so vor, daß die Sonnenstrahlen beim Durchgang durch die Luft diese erwärmen. Die Direkterwärmung ist aber so geringfügig, daß wir sie bei unseren Betrachtungen übergehen können. Das wechselvolle Spiel von Erwärmung und Abkühlung, je nachdem, ob die Sonne auf- oder untergeht, steuert das Wettergeschehen stets von unten her, so wie wir es im letzten Kapitel an den kleinen Sommerwolken gesehen, haben. Die Strahlen der Sonne haben dabei eine Eigenart, die wir am besten — vergleiche Zeichnung 3 — in einem Gewächshaus studieren können.

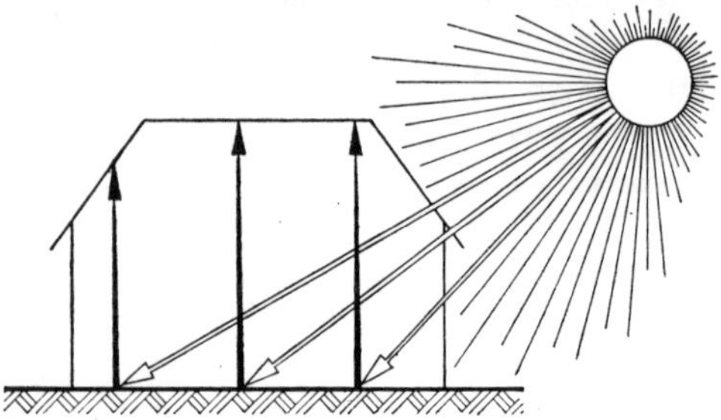

Zeichnung 3
Die Wärmestrahlen können aus dem Gewächshaus nicht heraus.

Es hat natürlich schon seinen triftigen Grund, warum der Gärtner bestimmte Pflanzen und Beete unter ein Glashaus setzt. Wir dürfen ja nur hineingehen: Stets ist es in einem Gewächshaus — ohne zusätzliche Heizung — wärmer als draußen. Die Energiestrahlung der Sonne geht also durch das Glas hinein; das, was dann innen als Wärme entsteht, kann aber nicht mehr hinaus. Wer Auto oder Eisenbahn fährt, kennt diese Gewächshauswirkung, wenn ein Wagen im Sommer mit geschlossenen Fenstern längere Zeit in der Sonne steht. Daß hierbei die Erwärmung der Holz- und Eisenteile zusätzlich mitspielt, ist selbstverständlich. Auch wer in einem öffentlichen Fernsprechhäuschen telefoniert, wird diese Gewächshauswirkung schon bemerkt haben.

Nun greift noch etwas in das Wettergeschehen ein, an das der Laie kaum denkt, nämlich die Bodenbeschaffenheit. Die Abhängigkeit der Erwärmung von der Bodenart, auf die die Sonnenstrahlen auftreffen, ist uns wahrscheinlich doch schon aufgefallen. Ein Wald, ein See oder eine nasse Wiese werden von der Sonnenstrahlung viel mehr verschlucken als ein felsiger oder sandiger Erdboden, der nur oberflächlich sehr schnell warm wird. Die Erwärmung und damit der Luft-

---

Tafel III. *Haufenwolken, die sich ausgebreitet haben und den Fortbestand des schönen Wetters ankündigen. Albtrauf bei Balingen/Württ.*

transport nach oben wird über trockenen Gebieten unserer Erdoberfläche viel schneller erfolgen als über feuchten. Der Besucher eines Freibades weiß, daß Boden und Luft am Vormittag viel schneller warm werden als das Badewasser, obwohl doch alles gleich von der Sonne bestrahlt wird.

Wenn nun über einer bestimmten trockenen Stelle — siehe Zeichnung 4 — der warme Aufwind beginnt, so muß zwangsläufig an dieser

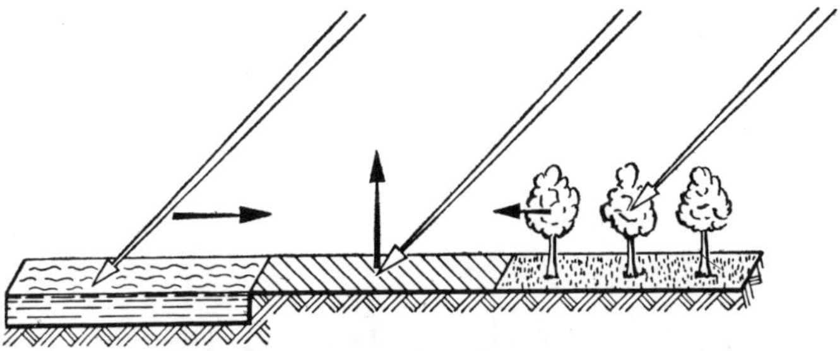

Zeichnung 4. Die verschiedenartige Bodenbeschaffenheit ergibt an der trockensten Stelle einen Aufwind.

Stelle die nach oben wegstreichende Luft ersetzt werden; das heißt eine Luftbewegung wird wie ein Sog von den Seiten zu dieser trokkenen Stelle hin beginnen. Die Sonne hat also zusammen mit der verschiedengearteten Erdoberfläche Wind gemacht. Damit wird uns auch klar, warum die Haufenwolken immer wieder über denselben Gegenden entstehen — der aufmerksame Beobachter wird diese Erscheinung längst bemerkt haben.

Daß es bei unserem Lufttransport nach oben für die Wolkenentstehung wichtig ist, wieviel die Luft an Feuchte enthält, dürfte auf der Hand liegen. Hat die Luft von vornherein schon viel verdunstetes Wasser in sich, so wird die Wolkenentstehung sehr bald einsetzen. Ist die Luft aber sehr trocken, so wird es auch an heißen Sommertagen vorkommen, daß sich gar keine Wolken bilden. Wir mögen an dieser Stelle erkennen, welch wichtiger Wetterfaktor im besonderen der Wald darstellt, denn er ist mit seinem Boden wie ein Schwamm, der nach Bedarf Wasser zur Verdunstung abgeben kann.

Blättern wir nun zu Kapitel 2 zurück und machen uns Gedanken darüber, warum die Wolken nicht mehr höher gestiegen sind, sondern sich verflacht haben, so haben wir jetzt auch sofort die Gründe dafür: Entweder es fehlt die Heizkraft der Sonne, das heißt wir befinden uns im Winter, noch im frühen Frühjahr oder im späten Herbst, oder es ist Nachmittag im Sommer und die Sonnenkraft läßt nach. Vielleicht

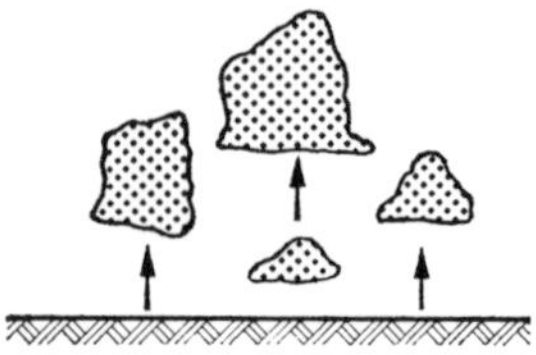

Zeichnung 5
Kleine Haufenwolken entstehen.

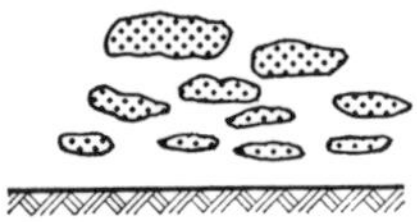

Zeichnung 6
Haufenwolken flachen sich ab.

fehlt es an Luftfeuchtigkeit oder liegt im Temperaturgefüge in der Höhe eine Unregelmäßigkeit. Irgend einer dieser Gründe mag also bestimmend sein, wenn wir beobachten, daß die Wolken sich ausbreiten und nicht mehr weiter in die Höhe steigen. Die Zeichnungen 5 und 6 mögen hierzu in ihrem Gegensatz betrachtet und mit den Wolkenbildern der ersten Kapitel verglichen werden. Wenn die Wolken der Kapitel 3—5 sich wieder auflösen, so kann dies auch nur daher kommen, daß entweder die Heizkraft der Sonne zur Weiterentwicklung nicht ausreicht oder die Luft so trocken ist, daß sie die entstandenen Wolken wieder aufnimmt. Wir erkennen dabei, welch große Bedeutung der Wassergehalt in der Luft für die Wolkenentwicklung und damit für das gesamte Wettergeschehen darstellt.

Alle die in den Kapiteln 1-5 beobachteten Winde, die die Wolken etwas mitgeführt haben, sind mehr oder weniger solche kleinen örtlichen Winde, die — von den verschiedenen Erwärmungsvorgängen abhängig — schon auf kurze Strecken aus verschiedenen Richtungen wehen können. Es sind Winde, die oft nur kurz wehen, und die, abhängig von der Bodenoberfläche, durch die Sonneneinheizung an Ort und Stelle entstehen. Dagegen sind die Luftbewegungen, die in Kapitel 6 die Wolkentürme umgeweht haben, viel systematischer. Bei den

Wolkenbildern 22 und 24 hatten wir gesehen, wie die senkrechte Wolkenbildung von einer beachtlichen Kraft in seitlicher Richtung gestört und damit unterbunden wurde — vergleiche hierzu auch Zeichnung 7. Diese Winde werden wir im nächsten Kapitel kennenlernen.

Der Leser tut gut daran, wenn er immer wieder die Wolken, die er draußen beobachtet, mit den Bildfolgen der ersten Kapitel vergleicht. Je öfter wir diese Entwicklungen studieren und mit den Überlegungen der letzten Kapitel in Einklang bringen, umso verständlicher werden uns die Vorgänge. Wir wollen uns auch nochmals an den charakteristischen Schönwetterrand erinnern, der alle unsere Wolken der Kapitel 1-6 auszeichnet. Wir sahen, daß die Haufenwolken, die einen scharfen Rand gegen den blauen Himmel behielten, keinen Niederschlag brachten. Und nun hören wir, daß alle diese Wolken aus Wassertröpfchen bestehen und stellen fest — was uns ganz merkwürdig berühren mag —, daß aus einer Wasserwolke kein Regen fällt.

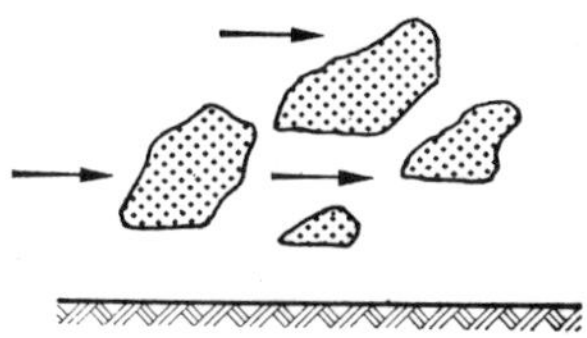

Zeichnung 7
Haufenwolken werden vom Wind umgeblasen.

So groß diese Wolken auch sein mögen, sie bestehen eben nur aus kleinen Tröpfchen und die Vorstellung, diese Tröpfchen würden sich zu großen fallenden Regentropfen vereinigen, trifft . . nicht zu! Auch wenn dieser Gedanke auf der Hand liegt — die Erfahrung zeigt, daß so jedenfalls die Regentropfen nicht entstehen, denn wie oft schon haben wir gewaltig aufquellende Haufenwolken beobachtet, die keinen Niederschlag brachten, obwohl ungeheure Mengen von Wassertröpfchen darin enthalten waren. Die Ursache für die Niederschläge muß also woanders liegen.

Und damit noch einmal zu Kapitel 7. Der Vorgang war folgender: Der Morgen wolkenlos, dann Wolkenentstehung; wie dies vor sich geht, wissen wir nun: Sonneneinstrahlung — Erwärmung des Bodens — Erwärmung der darüberliegenden Luft — Leichterwerden der Luft und Aufsteigen nach oben — Abkühlung und Schwächung der Luft — Ausfall der Feuchte, das heißt des verdunsteten Wassers in Wolkenform. Es war ein heißer Sommertag mit hohem Gehalt an Luftfeuchtigkeit und es gab keine Störung des Lufttransports in der Senkrechten. Nach dem Aufquellen der Wolken bis in eine Höhe von ungefähr 3000 m setzte unsere Bildfolge — vergleiche nochmals Bild 25 — über Mittag mit dem merkwürdigen Rauchen ein.

Nun müssen wir einen Segelflieger beauftragen, der mit der Wolke hochzieht und dabei ein Thermometer kontrolliert. Er wird uns ungefähr folgende Temperaturen melden:

In 2000 m 10 °, in 2500 m noch 5°, bei 3000 m 0 °(!) und bei 3500 m schon minus 5 ° Celsius. Wir haben also mit der Wolke die Nullgradgrenze durchschritten, die auch mitten im Hochsommer nie höher als 4000 m liegt, das heißt in dieser Höhe und darüber herrschen stets Kältegrade. Wenn also die Wolken durch die Sonneneinheizung bis in diese Höhen ungestört hinaufgetrieben werden, ist nicht mehr schwer zu erraten, was weiter geschieht. In diesen kalten Regionen können sich keine Wassertröpfchen mehr bilden, sondern es müssen kleine Eiskristalle sein. Damit wissen wir, was das eigentümliche Rauchen der Wolke von Kapitel 7 bedeutet: Schnee und Eis in der Luft — mitten im Sommer! Dem Bergwanderer, der sich in den Alpen in diesen Höhen ergeht, sind Schnee und Eis keine Überraschung. Der

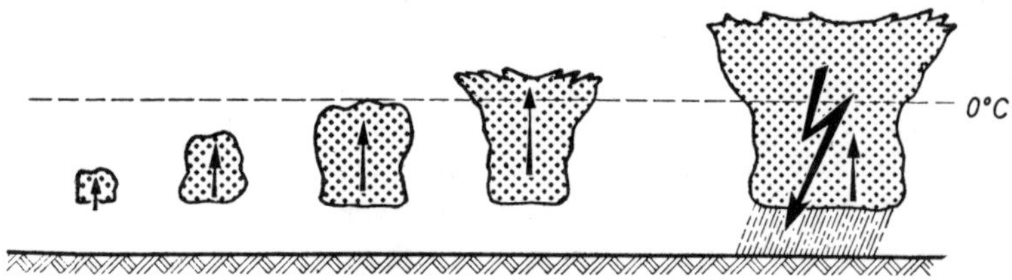

Zeichnung 8
Entwicklung der Haufenwolke zur Schauer- und Gewitterwolke

„Pfifferling“ ist also eine Wasserwolke und der „Fliegenpilz“ eine Eiswolke. Der Übergang, das heißt die Vereisung ist in den Bildern 25-32 sowie schematisch in Zeichnung 8 festgehalten.

Damit wissen wir auch, daß alle die fedrigen und fasrigen Gebilde, die wir kurz als „Federwolken“ bezeichnet haben, Eiswolken bzw. Schneefahnen sind — vergleiche nochmals die Bilder 33-38 sowie Tafel VI neben Seite 122. Wir hatten ja schon erfahren, daß sie zu den höchsten Wolken gehören und sich durchschnittlich in 6-8 km Höhe befinden, so daß uns die Eisstruktur dieser Wolken nicht verwundern kann.

Jetzt müssen wir nur noch den letzten Akt von Kapitel 7, die Frage des Niederschlags klären: Wenn durch den Lufttransport von unten immer wieder Feuchte in die Eisregionen gelangt, dort an den entstandenen Kristallen anfriert, und wenn sich dieser Prozeß längere Zeit fortsetzt, so werden die Eiskörner allmählich zu schwer und beginnen zu fallen. In den tieferen Regionen bei 10 ° und 20 ° Wärme werden sie schmelzen und als Regentropfen am Boden ankommen. Es ist aber in diesem Fall kein länger dauernder, gleichmäßiger Regen, sondern ein meist kurzer, kräftiger Niederschlag in Form eines Schauers, den man im Volksmund auch treffend als Regenguß bezeichnet. Zur Bildung der großen Regentropfen eines solchen Schauers ist also stets der Umweg über die Vereisung in den entsprechenden Höhen notwendig.

Diese Vereisung sehen wir so markant als Rauchen der Wolke, wenn sie ihren Schönwetterrand verliert. Nochmals sei die Ursache des ganzen Wettervorganges hervorgehoben: Es ist die Sonne, die die Wolken und damit auch den Niederschlag gemacht hat. Damit ist auch die Beobachtung erklärt, daß solche sommerlichen Güsse meist in den Nachmittagsstunden erfolgen.

Sofort müssen wir weiterfragen, warum es dabei auch zum Gewitter kommt, das heißt zu elektrischen Entladungen. Ohne Zweifel ist dieser Vorgang äußerst kompliziert und bedarf sogar in seinen Einzelheiten noch seiner endgültigen Klärung. Fest steht, daß beim Hochreißen der Luft die einzelnen Luft- und Wolkenteilchen, die ursprünglich elektrisch neutral waren, sich elektrisch aufladen. Von der Atomtheorie weiß heute jedermann, daß ein Atom einen positiv geladenen Kern hat, der von negativ geladenen Teilchen umlaufen wird. Dieses atomare und elektrisch neutrale Gefüge wird hier gestört, das heißt es gehen negative Teilchen verloren, so daß beim Rest die positiven Ladungen überwiegen. Haben diese Ladungen eine bestimmte „Spannung" im Verhältnis zur Erdoberfläche erreicht, kommt es zu einer kurzschlußartigen Entladung zwischen Wolke und Erde. Wir sehen sie als Blitz und hören sie als Donner. Daß es auch innerhalb verschieden hoher Regionen zu Entladungen kommen kann, ist bekannt. Je mächtiger sich die Wolken in die Höhe türmen und je kräftiger damit die Vereisung einsetzt, umso eher und umso stärker wird die Gewitterbildung möglich sein. Und die eigentliche Ursache: Wiederum die Sonne mit ihrer Strahlung!

Und noch eine Frage drängt sich sofort auf: Wie kommt es bei einer solchen Wetterlage zum Hagelschlag? Nachdem uns der Vorgang der Vereisung bekannt ist, wird auch die Hagelentstehung verständlich; wir brauchen uns nur vorzustellen, daß die kleinen Eiskörner beim Fallen, bevor sie schmelzen, in dem stetigen Warmluftstrom wieder nach oben gerissen werden. Damit können sich wiederum feuchte Teilchen ansetzen und anfrieren, so daß die Eiskörner größer und schwerer werden. Sie werden immer wieder fallen und wieder hochgerissen werden. Dieser „Fahrstuhlprozeß" kann an einem heißen ungestörten Sommertag zwischen 2000 und 6000 m Höhe einige Stunden dauern, so lange, bis die Körner so schwer geworden sind, daß sie endgültig bis zum Boden durchfallen.

Ein Eiskorn von 2-3 cm Durchmesser wird auf dem Weg bis zum Erdboden nicht völlig abschmelzen: es kommt noch in Eisform auf der Erde an. Jetzt ist uns auch verständlich, warum es fast nie im Winter hagelt, sondern meist im Sommer — eben an den heißesten Tagen. Kleinere Hagelkörner pflegt man Graupel zu nennen, die größeren Hagel oder Hagelschlossen. Einsetzender Niederschlag bei einer solchen Wetterlage bringt immer zuerst das vollständige Abladen des Hagels und dann erst nachfolgenden Regen, beides natürlich in Schauerform. So groß der landwirtschaftliche Schaden sein mag, der durch einen Hagelschlag entsteht, er ist glücklicherweise stets auf wenige Quadratkilometer beschränkt; auch dauert der reine Hagelschlag selten länger als 15 — 20 Minuten.

Interessant ist die innere Struktur eines Hagelkornes: Wenn wir sofort nach dem Aufprall am Boden behutsam einen Querschnitt machen, finden wir um einen milchig-trüben Kern einen fast durchsichtigen Überzug in konzentrischen Schichten, die uns die ganze Entstehungsgeschichte eines solchen Hagelkornes erzählen. Und vergessen wir nicht: Auch den Hagel hat die Sonne auf dem Gewissen!

Kapitel 18: Luftmassen bewegen sich

All das soeben im Rückblick auf die Kapitel 1-7 Besprochene bezog sich — mit einer Ausnahme im Kapitel 6 — jeweils auf einen örtlich gebundenen Wetterverlauf. Im Kapitel 6 erkannten wir in der Höhe einen stärkeren, systematischen Wind, der in das örtliche Wettergeschehen störend eingriff. Es hatte dort den Anschein, als ob diese stark bewegte Luft bzw. eine neu herangeführte Luftmasse das schöne Wetter erhielte, denn die Gewitterbildung wurde ja dadurch unterbunden. Aber wieder einmal müssen wir uns vor Verallgemeinerung hüten; denn stets erhebt sich die Frage: „Was bringt eine solche Luftmasse an Feuchte mit sich und wie setzt sie sich mit der seitherigen Luft auseinander?“

Zunächst aber müssen wir klären: „Warum ziehen denn die Luftmassen überhaupt?“ Es ist im großen nicht anders als im kleinen; denn das, was wir beim Öffnen des Fensters beobachten, gilt natürlich entsprechend auch für Luftmengen größeren Ausmaßes. Betrachten wir nochmals Zeichnung 4: Die Sonne strahlt Wasser, Boden und Wald vollständig gleich an; aber kurz darauf gibt es Wind, weil der Boden sich nicht gleichmäßig erwärmt, das heißt, weil der trockene Boden und damit die Luft darüber schneller warm werden als die feuchte Umgebung. Die benachbarte Luft wird sofort sogartig in die Leere der aufgestiegenen Luft hineingezogen und ein Luftkreislauf schließt sich, das heißt über den kühleren Gegenden wird eine abwärts gerichtete Luftbewegung festzustellen sein.

Ein anderes Beispiel möge in Zeichnung 9 an der Küste erläutert werden. An einem Sommervormittag strahlt die Sonne an der Küste gleichmäßig auf Wasser und Dünensand. Während aber das Wasser die Sonnenstrahlung größtenteils in sich aufnimmt, wird der Sand — zunächst aber nur

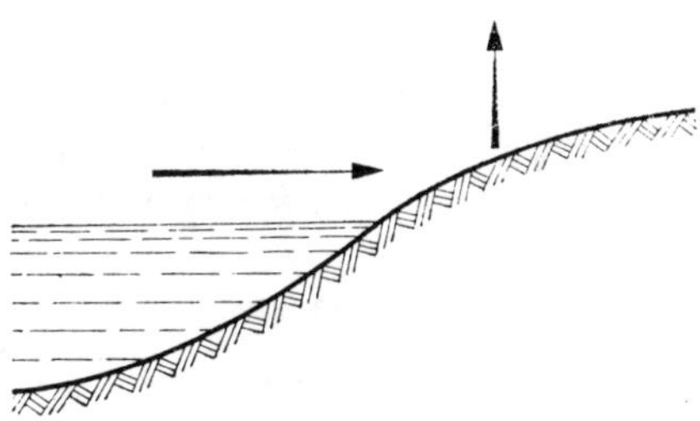

Zeichnung 9
Der Vormittagswind an der Küste

an der Oberfläche — sehr schnell heiß. Damit wird die darüberliegende Luft über der Düne ebenfalls wärmer und leichter und zieht in die Höhe ab. Sofort wird die Seeluft als Sog herangeführt und wieder schließt sich ein Kreislauf. Wer zum erstenmal an der See badet, wird immer etwas unangenehm von diesem Vorgang überrascht werden, denn man stellt sich doch vor, daß es mit höhersteigender Sonne am Vormittag wärmer wird. Theoretisch ist dies richtig, aber wir empfinden als ausschlaggebend die Luft, die der Wind heranführt, und so beobachten wir am Vormittag stets einen kühleren, feuchteren Wind von der See in Richtung zur Küste. Wenn am Nachmittag die Sonneneinstrahlung nachläßt, legt sich dieser Wind, dreht langsam um, und dann weht ein warmer, trockener Wind vom Land gegen die See.

Das, was wir im kleinen am Fenster oder hier an der Küste beobachten, gilt nun auch für die großen Räume unserer Erde, das heißt für die Luftmassenbewegungen zwischen den großen Kontinenten und den weiten Meeren. Wenn im Frühjahr die tägliche Sonnenstrahlung zunimmt und eine systematische Erwärmung eines ganzen Erdteils erfolgt, entsteht eine Großzirkulation, das heißt im Frühjahr herrschen die Winde vom Meere zum Land vor. Umgekehrt werden wir im Herbst beim Zurückgehen der Sonnenscheindauer wärmere und trokkenere Winde bemerken, die vom Kontinent zum Meer ziehen.

Wir sehen also auch im großen, wie das Wettergeschehen von den Jahreszeiten — damit wiederum von der Sonneneinstrahlung — und ebenso entscheidend von der Erdoberflächengestaltung abhängt. Weist ein Kontinent eine sehr geschlossene Form auf, wie zum Beispiel Nordamerika, wird auch das Wettergeschehen im täglichen und jahreszeitlichen Gang, das heißt die Luftmassenbewegung vom Meer zum Land und umgekehrt, viel gleichmäßiger ablaufen als zum Beispiel über Europa, das in seiner Form sehr ungleichmäßig gegliedert ist. Wir mögen damit erkennen, wie ungeheuer kompliziert sich der Ablauf des Wetters gestaltet, wenn wir an die mannigfaltigen wetterbestimmenden Ursachen und Zusammenhänge denken.

Interessant wird es nun, wenn sich solche Luftmassen gegenseitig auseinandersetzen, wenn also wärmere auf kühlere oder kühlere auf wärmere treffen. Je größer die Temperaturgegensätze solcher Luftmassen sind, umso größer werden auch die Bewegungsvorgänge sein.

Beispiele hinken stets — doch helfen sie uns oft, auch schwierigere Dinge zu verstehen. Stellen wir uns vor, wir hätten einen Sack voll Erbsen und einen Sack voll flaumiger Bettfedern und beide stünden auf dem Boden, einige Meter voneinander entfernt. Ohne Zweifel ist der Sack mit Erbsen erheblich schwerer als der Sack mit den Federn. Nun wollen wir beide Säcke öffnen und gleichzeitig am Boden *gegeneinander* ausleeren: Die schweren Erbsen werden am Boden entlang kullern und dort liegen bleiben, während die leichten Federn turbulent in die Höhe stäuben. Bei verschieden temperierten und damit auch verschieden schweren Luftmassen wird es nicht viel anders sein.

Wir wollen nun, damit wir die Vorgänge im einzelnen besser verstehen können, zwei Versuche machen, die sich in der Reihenfolge unterscheiden, wie die Säcke *nach*einander ausgeschüttet werden:

1. Wir schütten die Erbsen zuerst auf den Boden, warten, bis sie als Haufen zur Ruhe kommen und lassen dann erst die Bettfedern gegen die Erbsen los.
2. Wir schütten zuerst die Bettfedern — aber sehr behutsam — als lockeren Haufen auf den Boden, warten, bis einigermaßen Ruhe eingetreten ist und schütten dann die Erbsen aus.

Wer sich die sehr verschiedenen Auswirkungen der beiden Versuche nicht vorstellen kann, muß sie doch einmal praktisch durchführen; denn es ist gar nicht gleichgültig, welche Materie zuerst ruht und welche sich als zweite gegen die erste in Bewegung setzt. Die Ergebnisse unterscheiden sich jedenfalls grundlegend. Beim ersten Versuch werden die Federn relativ ruhig und langsam über die fast ungestört liegenbleibenden Erbsen hinauf- und hinübergleiten. Die Federn werden zunächst die Erbsen nicht vom Boden verdrängen können; erst wenn wir weitere Säcke mit Federn zu Hilfe nehmen und mit genügendem Druck gegen die Erbsen anlaufen lassen, werden diese sich langsam am Boden verschieben. Beim zweiten Versuch dagegen erobern sich die Erbsen durch ihr größeres Gewicht sofort den Boden und die Federn werden stürmisch in die Höhe gewirbelt.

Denken wir uns jetzt statt der Erbsen eine kalte Luftmasse und statt der Bettfedern eine warme, dann haben wir in unseren beiden Versuchen nichts anderes als die Wettervorgänge der Kapitel 8 und 9

Unter „warm“ und „kalt“ vertehen wir bei diesen Betrachtungen stets, daß eine Luftmasse wärmer oder kälter gegenüber einer anderen ist. Eine Luftmasse, die am Boden eine Temperatur von + 15 ° C aufweist, wird eine Warmluftmasse sein gegenüber einer anderen, die nur + 10 ° C am Boden aufweist. Sie wird aber mit ihren + 15 ° C „kalt“ sein gegenüber einer dritten Luftmasse, die am Boden + 20 ° C hat. Es kommt also bei unseren Wetterereignissen stets auf den Unterschied der Temperaturen an und darauf, welche Luftmasse als ruhend zuerst da ist und welche als zweite gegen die erste neu herangeführt wird.

Die Überschriften in den Kapiteln 8 und 9 haben dem aufmerksamen Leser damals schon verraten, daß die Ursachen der so sehr voneinander verschiedenen Wetterumschläge in den unterschiedlichen Temperaturen der neu herangeführten Luftmassen zu suchen sind. Da die äquatorialen Zonen unserer Erde stets unter starker Sonneneinstrahlung liegen, die polaren Zonen dagegen nur geringfügig im jahreszeitlichen Wechsel bestrahlt werden, wird zwangsläufig ein endloser Luftmassenaustausch zwischen diesen großen, verschieden temperierten Räumen erfolgen. Daß die dabei entstehenden großen Luftzirkulationen — bedingt durch die verschiedene Erdoberflächengestaltung sowie durch den Einfluß der Erdrotation — sehr kompliziert sind, darf nicht verwundern. Jedenfalls ist leicht einzusehen, daß in den gemäßigten Breiten, zum Beispiel bei uns in Europa, die wärmeren Luftmassen vorwiegend aus südlichen und die kälteren Luftmassen aus nördlichen Richtungen zu uns stoßen. Dabei werden die wärmeren Massen mehr aus südwestlichen und westlichen Richtungen auf Europa anmaschieren, da die Auseinandersetzung zwischen Kontinent und Meer entscheidend mitspielt. Sie werden dann auch stets einen hohen Gehalt an Feuchte mitbringen. Kommen sie dagegen direkt aus Süden und bringen sie uns echte Saharaluft mit, so kommt diese Luft sehr trocken bei uns an. Hier spielt aber noch der Umstand mit, daß diese Luftmassen dann über die Alpen hinwegmüssen. Dieses Problem wird uns bei der Föhnentstehung noch besonders beschäftigen.

Kältere Luftmassen, die aus Norden kommen, können über Nordwesten oder Westen zu uns gelangen, genau so auch über Nordosten oder Osten. Der Umweg über den Westen und damit über den Ozean wird sie sicherlich feuchter, der Umweg über den Osten wegen des europäisch-asiatischen Festlandes wesentlich trockener gestalten. Immer wieder erkennen wir das Zusammenspiel: Sonnenstrahlung — Luft — Wassergehalt — Erdoberfläche.

Wir beschäftigen uns nochmals eingehender mit den Ereignissen von Kapitel 8 und denken dabei an unseren ersten Erbsenversuch. Über Deutschland liegt bei wolkenlosem Himmel eine Luftmasse, die am Boden eine Temperatur von + 15 ° C aufweist; kommt jetzt aus westlicher oder südwestlicher Richtung eine Luftmasse, die am Boden + 20 ° C besitzt, dann werden wir die alte, ruhende Luft als Kaltluft (K) und die neuankommende als Warmluft (W) bezeichnen — vergleiche Zeichnung 10.

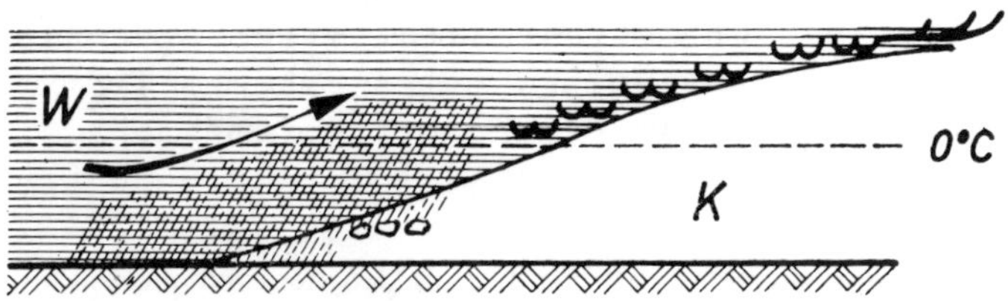

Zeichnung 10. Aufgleiten wärmerer über kältere Luft

So, wie die Bettfedern langsam über die ruhenden Erbsen aufgleiten, wird es in breiter Form zu einem langsamen Aufgleiten der wärmeren über die kältere Luft kommen. Das Ganze ergibt somit einen weit ausgedehnten Hebungsprozeß mit allen seinen Folgen. Es kommt also hier nicht zu einer örtlichen, durch die Sonneneinheizung im Tagesgang hervorgerufenen Hebung, sondern zu einem Vorgang, der über ganz Deutschland, also in einer Breite von rund 1000 km gleichmäßig hinwegzieht. Anfang und Ende dieses Prozesses liegen meist auch rund 1000 km auseinander, weshalb auch die Begleiterscheinungen durchschnittlich zwei bis drei Tage dauern.

Was Hebung bedeutet, wissen wir: Abkühlung und Ausfall der enthaltenen Feuchte, Wolkenbildung mit Vereisung und Niederschlag. Entsprechend den weiträumigen Vorgängen werden auch die Wolkenbilder anders sein als bei einer örtlichen Hebung. Wir kennen sie ja schon aus dem Kapitel 8 mit den Bildern 33-50. Während wir Entstehung und Weiterentwicklung der Haufenwolken in unseren ersten Kapiteln von Anfang bis Schluß verfolgen konnten, sehen wir beim Warmluftaufgleiten die schon lange vorher entstandenen Wolken mehr oder weniger fertig auf uns zukommen und über uns hinwegziehen. Im Gegensatz zum örtlichen Wärmegewitter, wo wir die Reihenfolge Wasserwolke — Eiswolke beobachteten, erleben wir hier die umgekehrte Folge; das heißt, das erste, was wir am Himmel sehen, sind die „Federn" in 6 bis 8 km Höhe. Es wird uns also hier als erstes Vorzeichen der Wetterumbildung das fertige Eis vorgesetzt, die Federwolken, die wir in ihren verschiedenen Strukturen aus den Bildern 33-38 kennen. Es bleibt uns leider nicht erspart, bei diesen Betrachtungen immer wieder zu unserem Bildmaterial zurückzublättern.

Dieses Aufgleiten schiebt sich nun über ganz Deutschland; die ersten Vorboten, die feinen weißen Federwolken mit ihren typischen kleinen Häkchen, erscheinen zuerst im Westen, ungefähr einen Tag später in der Mitte und am zweiten Tag im Osten Deutschlands. Jeder Beobachter in Deutschland wird also diesen Aufzug erleben — nur eben zeitlich verschieden.

Wenn sich die feine Eisschichtung in den höchsten Höhen schließt, werden sich die Sonnenstrahlen — um die Vollmondszeit auch die Mondstrahlen — in den feinen Eiskristallen brechen und so die eigenartigen Ringe, die Haloerscheinungen hervorrufen. Der zuerst beobachtbare Teil dieser Wetterumbildung besteht also ausschließlich aus Eisgewölk; erst, wenn die Gegenstände keine Schatten mehr werfen, die Wolken grau werden und die Sonne allmählich ganz verdüstern, hat sich der Bereich der Wasserwolken über uns geschoben, der natürlich von Eiswolken überlagert ist. Je dunkler der Wasserwolkenbereich erscheint — vergleiche nochmals Bild 47 —, um so mächtiger ist er in der Höhe und um so mehr Eis lagert sich darüber. Meist beginnt der Niederschlag dann, wenn sich die unterste graue Wolkenschicht nur noch 600-1000 m über dem Beobachter befindet.

Die darunter als Regenanzeichen besonders hervorgehobenen kleinen Wolkenfetzen entstehen dadurch, daß der Niederschlag in diesem Bereich schon eingesetzt hat, die Luft aber in den untersten Schichten über dem Erdboden so trocken ist, daß sie den von oben fallenden Niederschlag wieder aufnehmen und sozusagen in Wolkenform vorzuzeigen vermag. Es wird dann nicht mehr lange dauern, bis auch dieser Luftraum so wassergesättigt ist, daß das unterste dunkle Gewölk sich fast schließt und der Regen am Boden ankommt.

Ein Vergleich soll uns diesen Vorgang wieder veranschaulichen: Wenn es zu regnen beginnt, spannen wir ein trockenes Handtuch waagrecht aus; die Regentropfen werden im Tuch aufgefangen und erreichen den Erdboden nicht — solange, bis das Tuch vollgesogen ist und selbst zu tropfen beginnt. Für den Beobachter kommen natürlich die Regentropfen stets aus dem untersten Gewölke heraus; wir müssen uns nur vergegenwärtigen, daß sie ein Schmelzprodukt aus den oberen Höhen sind.

Den ganzen Aufgleitvorgang können wir uns mit der Zeichnung 10 noch wie folgt verdeutlichen: Dort, wo rechts auf der Skizze in der Höhe die ersten Federwolken auftauchen, sei Berlin; in der Mitte der Zeichnung wollen wir uns Würzburg denken, und wo die Warmluft links den Boden berührt, liege die Grenze zu Frankreich. So gleitet also diese neu herangeführte leichtere Luft über ganz Deutschland auf und zeigt entsprechende Wolkenbilder: Im Osten Deutschlands die Federwolken, in Mitteldeutschland Bälle und Wellen ähnlich den Wolkenbildern 39-42 und den Bunttafeln VII und VIII. Im westlichen Deutschland wird dann die Eisschichtung geschlossen sein und wie in den Bildern 43 bis 46 die Eintrübung erfolgen. In Frankreich werden entsprechend den Bildern 47-50 die Wolkenfetzen unter den geschlossenen Schichten sowie Niederschlag in Form eines gleichmäßigen Landregens zu beobachten sein.

Da die Regentropfen geschmolzene Eiskörner sind, werden sie stets niedere Temperaturen, das heißt je nach Jahreszeit ca. + 5 ° bis + 15 ° C aufweisen; es wundert uns nicht, wenn ein länger dauernder Niederschlag eine entsprechende Abkühlung mit sich bringt, auch wenn er durch eine Warmluftmasse ausgelöst wurde. Hören aber Aufgleiten, damit Hebung und Niederschlag auf, so werden wir sicher bemerken, daß die Temperaturen nachher höher sind als vor Beginn der ganzen Wetterumbildung.

Nach dem Durchzug eines ersten Regengebietes kommt es auch zu Niederschlagsunterbrechungen. Wir beobachten dann längsgeschichtete Wolkenbänke in verschiedenen Höhen. Wenn wir bemerken, daß immer noch hohe, weißliche Eisbewölkung vorhanden ist, wird es nicht allzulange dauern, bis wiederum Niederschlag einsetzt. Während des Wolkenaufzuges, das heißt also vor Einsetzen des ersten Niederschlags, gibt es — abgesehen von schwachen örtlichen Winden — kaum nennenswerte Luftbewegungen. Erst mit Einsetzen des Niederschlags, das heißt mit dem Durchzug der eigentlichen Regenfront, wird stärkerer Wind aufkommen — in unseren Gebieten vorwiegend aus Südwesten oder Westen. Wie schon Seite 41 erwähnt, ist es interessant, während der ganzen Aufgleitvorgänge den Luftdruck zu beobachten; denn gerade das gleichmäßige Fallen des Luftdrucks charakterisiert neuankommende Warmluft. Und warum geht der Luftdruck zurück? Betrachten wir Zeichnung 11, so sehen wir, wie mit weiterem Vor-

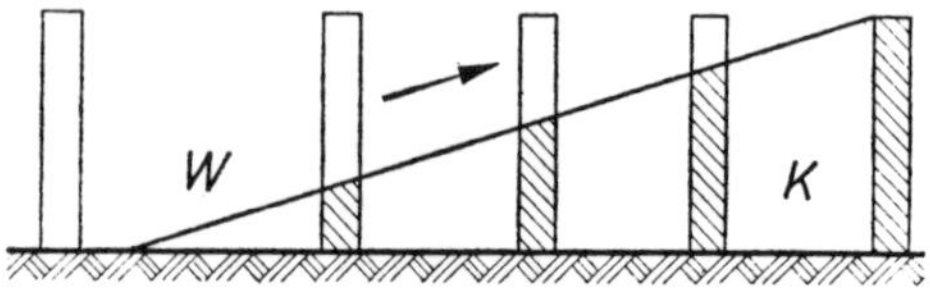

Zeichnung 11
Der Luftdruck nimmt mit Zunahme der wärmeren Luft ab.

rücken der „Bettfedern" über die „Erbsen" immer mehr kalte, schwere Luft (schraffiert), durch warme, leichte Luft (nicht schraffiert) ersetzt wird. Damit wird der Luftdruck am Boden stetig geringer.

In allen Jahreszeiten bringen uns die Warmluftaufzüge den von Gärtnern und Landwirten ersehnten ergiebigen Regen. Im Winter, wenn die Temperaturen am Boden um oder unter 0 Grad Celsius liegen, können die fallenden Eiskristalle nicht schmelzen; der Niederschlag erreicht als Schnee den Erdboden. Wir erinnern uns dabei, daß es immer auf die Größe des Temperaturunterschieds zwischen der liegenden und der aufgleitenden Luftmasse ankommt. Je nachhaltiger die ankommenden Warmluftmassen aufgleiten, umso kräftiger wird es schneien. So widerspruchsvoll es klingen mag: Die größten Schneefälle haben stets ihre Ursache im Aufgleiten wärmerer Luftmassen. Da im Hochgebirge im Winter die Temperaturen fast stets unter 0 Grad Celsius bleiben, wird der Schnee dort auch liegenbleiben. Im Flachland aber wird nach solchen Schneefällen durch die am Boden nachfolgende wärmere Luft stets Tauwetter und unter Umständen — vor allem wenn die Schneefälle vorher ergiebig waren — Hochwasser eintreten.

Bei der eben besprochenen Wetterlage, das heißt bei dem Anheben der wärmeren über die kältere Luft, wird es sehr selten zu gewittrigen Entladungen kommen, da hier die Voraussetzung für die Gewitterentstehung fehlt, nämlich das sehr kräftige, senkrechte Hochwirbeln der Luft. Die Luftmassen fließen hier langsam schräg aufwärts; sie werden nicht turbulent hinaufgerissen. Der einsetzende Warmluftniederschlag wird also — von Ausnahmen abgesehen — ohne Gewittererscheinungen vor sich gehen.

Wenn der Nachschub der Warmluftmassen aufhört, werden auch die Aufgleitvorgänge nachlassen und damit Wolkenbildung, Vereisung und Niederschlag. Wir werden dann geschichtete Wolken beobachten, die, wenn die Wetterentwicklung tatsächlich abgeschlossen ist, sich langsam auflösen. Wenn der Laie eine fast geschlossene Wolkendecke über sich hat, die nur da und dort unterbrochen ist, wird er sich fragen, ob diese Wolkendecke zum Regenwetter oder zum Schönwetter führt. Findet er darin die verräterischen gleichmäßigen Wolkenformen wie Bälle und Wellen, so ist die Systematik der Bewegung zu erkennen: weitere Eintrübung mit Niederschlag steht zu erwarten. Bricht aber eine Wolkendecke in ganz unregelmäßige, kleine und größere Schollen auf, so wie eine Eisdecke auf einem See aufschmilzt, dann haben wir tatsächlich echte Wolkenauflösung mit nachfolgendem Schönwetter vor uns, das, was man als Aufklaren bezeichnet. Wir werden dabei auch entweder Windstille oder nur einen geringfügigen Wind am Boden und in der Höhe bemerken.

Wir kommen zum zweiten Fall unseres Erbsen-Versuchs: Die Bettfedern ruhen und die Erbsen rollen darunter. Dieses Beispiel — auf unsere Luftmassen angewandt — haben wir auf Seite 42 schon beschrieben. Nun sind uns auch die Gründe für das andere Verhalten dieses Wetterumschlags aus Kapitel 9 verständlich. Wir hatten dort nur einzelne charakteristische Bilder des Verlaufs einer einbrechenden Kaltluft gezeigt, da der Vorgang der Vereisung im Kapitel 7 ja eingehend geschildert worden war. Der Unterschied ist nur der, daß nicht an einer Stelle, sondern durch eine schwere, neu herangeführte Luftmasse die alte mechanisch emporgehoben wird und damit auf einer langen Front — wieder über 1000 km oder mehr — Wolkentürme, Sturm und Gewitter auf uns zurollen. Vergleiche Zeichnung 12!

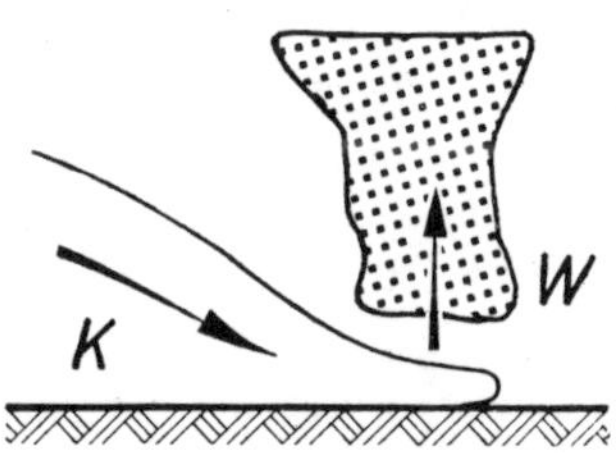

Zeichnung 12
Einbrechen kälterer unter wärmere Luft.

Während an einem warmen Sommertag nur da und dort einzelne Gewitter entstehen mögen, bringt dieser Wettervorgang für das ganze Land systematisch die Überquerung einer solchen Gewitterfront. Daß es hier zu Gewittern kommt, überrascht uns bestimmt nicht, wenn wir an unseren zweiten Versuch denken, bei dem die Bettfedern durch die Erbsen energisch in die Höhe gewirbelt wurden.

Während bei der aufgleitenden Warmluft die verschiedenen Wolkenfelder manchmal Tage vor der eigentlichen Front vorausziehen, folgen bei der einbrechenden Kaltluft das Wolkenbild in der Höhe und die Front am Boden wesentlich rascher aufeinander. Das Herannahen der Front wird jedoch mindestens eins bis zwei Stunden vorher angekündigt: hohe rasch ziehende Eisfahnen und „Schwärzerwerden" des gesamten Horizontteiles, aus dem das Wetter auf uns zukommt. Charakteristisch hierbei ist der sog. Böenkragen, ein etwas dunkleres, zerfetztes Gewölk über einem lichteren Horizontstreifen, an dem wir schon von weitem den niedergehenden Niederschlag erkennen. Man sieht von einem Standpunkt, der den Blick zum Horizont freigibt, das Näherkommen der Kaltfront stets sehr gut — vergleiche Bild 52.

Wo die Einzelheiten in der Landschaft noch deutlich klar zu erkennen sind, hat der Niederschlag noch nicht eingesetzt; wo sie aber schemenhaft hinter einem weißlichgrauen Vorhang verschwinden, ist erkennbar, wie weit der Niederschlag schon vorgerückt ist. Mit dem eigentlichen Eintreffen der Front mit Gewitterschauern und starken Winden, die stets sehr böig oder — wie der Flieger sagt — sehr „bockig" sind, treten meist auch bei Tag sehr dunkle Szenerien auf — vergleiche nochmals hierzu die Bilder 55 und 56. Je höher und geschlossener die Wolken sind und je stärker die Vereisung der emporgewirbelten „Bettfedern" ist, desto weniger Licht wird durch das gesamte Gewölk dringen und die so typisch blau-schwarzen Stimmungen hervorrufen. Über die Eigenart der Böigkeit des Windes sprechen wir nochmals im nächsten Kapitel. Während die ruhig ziehende Warmluft uns gleichmäßige, langandauernde Niederschläge bringt, kommt es bei Kaltluft oft zu „wolkenbruchartigen" Platzregen.

Tafel IV. *Vereisung einer Haufenwolke mit nachfolgendem Regenschauer und Gewitter*

Da vor dem ersten Kaltluftschub am Boden nur warme, das heißt leichte Luft über uns ist, wird bis dahin der Luftdruck sehr gering sein. Der tiefe Barometerstand hat uns also auch schon vorher auf die Ankunft der Kaltfront hingewiesen.

Besonders reizvoll ist es, im Augenblick des ersten Windstoßes den Zeiger des Barometers zu beobachten. Er wird sofort einen kleinen Sprung nach oben, das heißt nach rechts machen, denn dieser erste Windstoß bringt sofort einen Schub kälterer, schwerer Luft mit, die den Luftdruck ansteigen läßt. Da der Zeiger im Gehäuse manchmal etwas zu hängen pflegt, dürfen wir hier ausnahmsweise am Barometer klopfen, damit er uns diesen kleinen Sprung anzeigt. Im übrigen aber beherzige man den alten, weisen Spruch: „Durch vieles Klopfen auf das Barometer wird das Wetter nicht besser, aber das Barometer schlechter!“. Viele Hüttenwirte in den Bergen haben deshalb ihre Barometer unter Gittern verwahrt, sofern sie nicht überhaupt die Feder des Barometers ausgehängt haben.

Je kräftiger nun das Gewitter tobt, das heißt je kräftiger die Kaltluftmassen hereinbrechen, desto stärker wird der Zeiger unseres Barometers nach rechts „steigen“. Dieser Vorgang ist meist für den Laien überraschend, da mit dem einsetzenden „Unwetter“ der Zeiger des Barometers in Richtung „Schönwetter“ rückt. Wie der Luftdruck dann mit weiterer Kaltluftzufuhr (schraffiert) steigt, erläutert die Zeichnung 13.

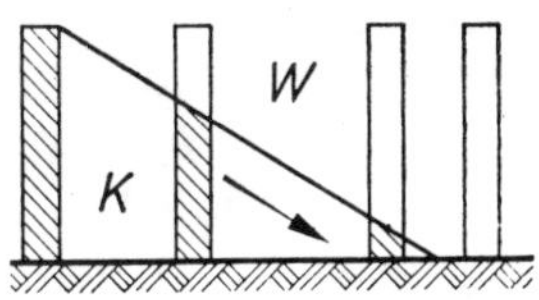

Zeichnung 13
Der Luftdruck nimmt mit Zunahme der kälteren Luft zu.

Nach dem Durchzug der Front werden uns noch zwei Dinge sehr markant auffallen: 1. Die Windrichtung vorher West, springt auf Nordwest. 2. Die Temperatur sinkt oft in wenigen Minuten um mehrere Grad ab; sie kann in ungefähr einer Stunde um 10—12 Grad sinken.

Wir werden eine solche Kaltluftmasse im Sommer als sehr angenehme Abkühlung empfinden, während wir sie noch im Frühjahr, ja vielleicht sogar bis in den Juni hinein als unangenehmen, winterlichen Rückfall bezeichnen. Wir sprechen später noch einmal bei den sogenannten Eisheiligen über diese Kaltlufteinbrüche. Kommt eine solche Kaltluftmasse im Winter über uns, so bringt sie verständlicherweise eine winterliche Wetterlage mit sich; im Januar ist dies meist der eigentliche Wintereinbruch überhaupt.

Damit ist auch geklärt, weshalb es im Winter Gewitter geben kann. Meist kommt es allerdings nur zu einer oder zwei kräftigen Entladungen, aber stets folgen Schnee und Kälte nach. Wir verstehen jetzt auch, warum wir nicht nur in allen Jahreszeiten, sondern auch zu allen Tageszeiten Gewitter beobachten können. Wenn wir schon frühmorgens oder mitten in der Nacht Gewitter erleben, so sind diese stets frontartig und bringen eine echte Abkühlung mit sich, während dies ein örtliches Sommergewitter über Mittag oder am Nachmittag nicht vermag. Hier wird höchstens durch rasches Verdunsten des Niederschlags auf dem heißen Boden die Luft feuchter und damit schwüler. Am stärksten werden die Wettererscheinungen der Kaltluft allerdings sein, wenn eine solche Front an einem heißen Sommertag in den Mittagsstunden über uns hinweggeht, weil dann zu den Luftmassengegensätzen auch noch die örtlich einheizende Kraft der Sonne hinzukommt. Auch müssen wir dann mit Hagelschlag rechnen, der vorher an der Verfärbung der Wolken ins Gelbliche zu bemerken ist.

Bei diesen Vorgängen greifen wiederum die verschiedenen Geländeformen unserer Erdoberfläche wetterbestimmend mit ein. Alle Bergformen im Hochgebirge werden wie Hindernisse den am Boden anfließenden Kaltluftmassen entgegenstehen, so daß alle Hebungsvorgänge wesentlich verstärkt werden. Wir dürfen uns nur wieder unser Beispiel zu Hilfe holen und diesmal die Bettfedern vor einer Zimmerwand ausbreiten und dann die Erbsen dagegenkullern lassen. Jetzt können die Federn nicht ausweichen und werden noch stärker als vorher in die Höhe getrieben. Das besagt, daß beim Anlaufen von Kaltluftmassen gegen die Berge zuerst die alte und dann die neue Luftmasse entsprechend stärker in die Höhe getrieben werden, abkühlen, Wolken bilden, vereisen und Niederschlag geben. Eine Kaltfront, die im Flachland ein „normales“ Gewitter mit Schauern ergibt, wird schon an mittelhohen Bergen, insbesondere aber im Hochgebirge viel kräftigere Niederschläge und längeranhaltende Gewitter mit sich bringen. Jeder Berg wirkt also als Hindernis und bringt Luftmassen zum Stauen und Anheben. Wenn Kaltluftmassen aus Nordwesten über Deutschland hinwegziehen, wird es nach einiger Zeit in Nord- und Mitteldeutschland wieder schönes Wetter; dagegen herrscht in Oberbayern längere

Zeit regnerisches und kühles Wetter, weil dort vor den Alpen die Luftmassen nicht abfließen können und so lange zu Hebungsprozessen führen, bis sie zur Ruhe gekommen sind.

Es ist auch bekannt, daß in den deutschen Mittelgebirgen stets die Gebiete, die in der Hauptwetterrichtung liegen, vorwiegend also die westlichen Seiten dieser Berge, wesentlich mehr Niederschlag erhalten als die entgegengesetzten Seiten. Die Bewohner des Schwarzwaldes oder des Thüringer Waldes wissen das genau. Auch bei der Schwäbischen Alb, bei der der Trauf von Südwesten nach Nordosten zieht, ist die Verschärfung des Wetters gegenüber dem Vorland stets zu bemerken, wenn die Fronten aus Westen, Nordwesten oder Norden kommen. Auch die Wettererscheinungen, die wir in Kapitel 9 erlebten, waren durch einfließende Kaltluft bedingt, die in drei Wellen gegen das Allgäu vorstieß: am Vormittag zuerst nur ganz leicht mit der Degenbildung und relativ geringen Hebungserscheinungen, der zweite, wesentlich kräftigere Kaltluftstoß am Nachmittag und der dritte dann am folgenden Tag. Sehr häufig ist der erste Stoß der kräftigste und die weiteren Staffeln klingen dann in ihrer Stärke ab. Auch eine aufgleitende Warmluft wird beim Überschreiten eines Gebirges stärker gehoben und kräftigere Wettererscheinungen zeigen.

Der Leser wird beim Wetterbeobachten bemerken, daß wir unsere Großwetterlagen letzten Endes stets dem Wechsel von solchen Luftmassen zu verdanken haben. Kommen die Luftmassen in genügendem zeitlichem Abstand nacheinander, so werden wir am Wolkenbild und den Begleiterscheinungen ganz übersichtlich feststellen können, ob die neu heranrückende Luftmasse kälter oder wärmer als die vorhergehende ist. Wettervoraussagen sind dann relativ leicht. Schwierig werden die Dinge erst — und dies tritt leider in Deutschland sehr häufig ein — wenn sich die Luftmassen einholen und damit für uns ganz unübersichtlich durchmischen. Dieses Überholmanöver ist leicht erklärlich, da wir ja wissen, daß sich Erbsen anders verhalten als Bettfedern; das heißt, die Kaltluftfronten werden stets eine viel höhere Zuggeschwindigkeit haben als die Warmluftfronten. Dann wird die Warmluftmasse nach oben abgehoben und die neue Kaltluftmasse mischt sich am Boden mit der alten kühleren Luftmasse, die vor der Warmluft da war. Es ist also, wie wenn zwischen zwei Erbsenhaufen ein Schub Bettfedern keilförmig nach oben gedrückt wird.

Es kommt dann darauf an, ob die beiden kälteren Luftmassen ähnlich oder sehr verschieden sind, und zwar bezüglich ihrer Temperatur und ihrer Feuchte. Wenn durch die Reibung der Luftmassen am Boden — Wälder, Höhen und Berge — die gesamte Fortbewegung immer langsamer wird, werden die Wolkenbilder so unübersichtlich, daß selbst der Erfahrene Schwierigkeiten hat, die Zusammenhänge klar zu erkennen bzw. eine sichere Voraussage zu treffen.

Eine Übersicht über die Luftmassen, die wir in unseren Gebieten am häufigsten verzeichnen, finden wir auf Seite 172.

Die als Schlechtwetterzeichen vor den Niederschlägen auftretenden guten Fernsichten entstehen bei allen diesen Wetterumbrüchen dadurch, daß die neuankommenden Luftmassen, seien es die wärmeren oder die kälteren, stets die alte, ruhende und verunreinigte Luft durchwirbeln oder verdrängen und dadurch einen Reinigungsprozeß vollziehen.

Kapitel 19: Interessante Winde und große Stürme

Was ein Wind ist und wie ein Wind entsteht, haben wir schon gelernt. Stets handelt es sich um Luftmassen, die sich gegen andere Luftmassen in Bewegung setzen. Meist versteht man unter einem Wind eine waagerecht verlaufende Luftbewegung, wogegen wir eine Bewegung in der Senkrechten „Strömung" nennen. Die Ursache liegt fast stets in der sich ändernden Sonnenbestrahlung — sei es im täglichen Gang, der durch die Erdrotation entsteht, oder sei es jahreszeitlich bedingt durch den Lauf der Erde um die Sonne: überall entstehen Temperaturunterschiede und damit wiederum Luftdruckunterschiede. Einmal handelt es sich nur um geringe Luftbewegungen, dann aber wieder um Luftmassen größten Ausmaßes.

Nicht allein die astronomischen und meteorologischen Umstände setzen die Winde in Schwung und verändern sie; auch die örtlichen Gegebenheiten wie Berg oder Tal, Wald oder Acker, Wiese oder See im kleinen, Gebirgszüge, Kontinente oder Meere im großen sind mitbestimmend. Da kein See dem andern und kein Berg dem andern gleicht und jeder Gebirgsstock seine Eigenheiten aufweist, hat auch jede einzelne Landschaft ihre charakteristischen Wetterverhältnisse.

Der Schwarzwald hat sein eigenes Wetter ebenso wie die Schwäbische Alb, der Harz, die Norddeutsche Tiefebene, die Küstengebiete usw. So haben auch die typisch örtlichen Winde jeweils ihre Eigennamen bekommen. Im ungestörten täglichen Rhythmus wird in bergigem Gelände tagsüber durch Erwärmung ein Talwind gehen, das heißt eine Luftströmung vom Tal den Hang entlang aufwärts ziehen. Entsprechend bemerken wir dort abends oder nachts durch Abkühlung einen Berg- oder Hangwind, das heißt eine Strömung vom Berg ins Tal hangabwärts. Genauso gibt es Paß- und Jochwinde, die je nach Tageszeit und Wetterlage verschieden sind.

Am Gardasee gibt es einen typischen Tageswind, Ora genannt, im Höllental bei Freiburg ist der abendliche talabwärts gerichtete Wind als Höllentäler bekannt. Ähnlich gibt es am Fuß der Schwäbischen Alb in den ersten Abend- und Nachtstunden sehr häufig starke Hangwinde, die einige Kilometer weiter im Vorgelände nicht mehr wahrzunehmen sind. Bekannt ist auch der Mitternachtswind am Starnberger- und Ammersee. An der Adria weht die kalte, trockene und böige Bora.

Im alten Griechenland wurden die Winde je nach ihrer Windrichtung bezeichnet: Der Nordwind Boreas, der Ostwind Eiros und der feuchtwarme Westwind Zephir. In den Anden gibt es einen starken Paßwind, die Junta, und in Argentinien bläst der kalte Pampero. Während dieser trocken ankommt, bringt der Suracon in Bolivien Regen mit. Berühmt ist der warme Schirokko in Italien, der auch in Palästina, Arabien und Mesopotamien als trockener Wüstenwind bekannt ist. In Ägypten weht der Chamsin, auch ein heißer, trockener Wüstenwind, und in der Sahara Lybiens bläst der Gibli, die alle meist Sand und Staub mit sich führen.

Dies nur als kleine Auslese der mannigfaltigen Luftbewegungen unserer Erde, die bei entsprechenden Gegensätzen nicht mehr als Wind, sondern als Sturm oder Orkan auftreten. Hat ein Wind eine höhere Geschwindigkeit als 20 Meter in einer Sekunde, bezeichnet man ihn als Sturm, bei mehr als 30 m/sec als Orkan. Vor allem in den Auseinandersetzungen der Luftmassen zwischen Kontinent und Meer und vorwiegend in den äquatorialen Zonen können Stürme entstehen, deren Auswirkungen zu Katastrophen führen können. Berüchtigt sind die Taifune in Japan, die Tornados in Nordamerika und die Hurrikans in

Mittelamerika und im Atlantik nördlich Südamerikas. An den tragischen Untergang des Segelschulschiffes Pamir sei hier erinnert.

Die durch sehr starke Temperatur- und Druckunterschiede in Bewegung gesetzten Luftmassen bewegen sich meist wirbelartig fort, wobei oft in den Wirbeln durch Sogwirkung über dem Meer Wassermassen und über Land Sand und Staubmassen hochgezogen werden, so daß es zu den gefürchteten Wind-, Sand- und Wasserhosen kommt.

Alle diese Wirbelstürme, die meist ihren Sitz in den Tropen haben, sind in ihrer Fortbewegung im allgemeinen linksdrehend, das heißt sie ziehen von Ost über Nord nach West, um aber nördlich des Wendekreises eine umgekehrte Fahrtrichtung einzuschlagen.

Bei starken Stürmen, die gegen die Küsten anlaufen, werden die auf See entstandenen hohen Dünungswellen in trichterförmigen Flußmündungen und Buchten zu Flut- und Überschwemmungskatastrophen führen, vor allem dann, wenn in diesen Stunden gleichzeitig Flut herrscht und diese durch den Mond hervorgerufene Bewegung der Wassermassen sich mit der Zugrichtung des Sturmes deckt. Besonders gefährlich werden die Auswirkungen, wenn zudem noch Vollmond oder Neumond herrscht und somit eine besonders hohe Flut, eine sogenannte Springflut, das Wettergeschehen abermals verstärkt. Wir erinnern uns an die große Überschwemmungskatastrophe 1953 in Holland. Die größte geschichtliche Katastrophe dieser Art ereignete sich 1737 im Gangesmündungsgebiet, bei der 300000 Menschen den Tod gefunden haben.

In diesem Zusammenhang sei auch der Blizzard erwähnt, ein kalter Schneesturm Nordamerikas, der durch Kaltluftmassen entsteht, die sich von Norden nach Süden über den Kontinent ergießen. Da im Westen der Vereinigten Staaten die Kordilleren stehen, können diese Luftmassen nach der Seite nicht abfließen; im Gegenteil: sie werden durch die Rechtsablenkung, die durch die Erdrotation bedingt auf der Nordhalbkugel herrscht, nach Westen gegen die Kordilleren gedrückt und somit immer weiter nach Süden verfrachtet. Es können dort große Schneestürme noch im späten Frühjahr auftreten, und zwar in geographischen Breiten, auf denen dies in Europa nicht denkbar wäre. Während dort der nord-südlich gerichtete Gebirgszug Kaltluftmassen weit nach Süden führt, steht in Europa der Ost-Westzug der Alpen als Hindernis den von Norden anfließenden Kaltluftmassen entgegen.

Es ist also nicht verwunderlich, wenn wir am Nordrand der Alpen durch Stau tagelang Regenwetter beobachten, während wir nur durch ein Tunnel nach Süden hindurchzufahren brauchen, um festzustellen, daß dort zur gleichen Zeit beständiges, schönes Wetter herrscht.

Sehr regelmäßige Winde sind auf unserer Erde längs des Äquators die bekannten Passate, die dadurch entstehen, daß die am Äquator hochsteigenden Warmluftmassen an der Erd- und Meeresoberfläche von Norden und Süden durch Sog ersetzt werden, so daß nördlich und südlich des Äquators stets Winde zu verzeichnen sind, die zum Äquator streichen. Da aber wieder die ablenkende Kraft der Erdrotation mitwirkt — auf der Nordhalbkugel nach rechts, auf der Südhalbkugel nach links, gibt es keinen Nord- und Südpassat, sondern einen Nordost- und Südostpassat. In den gemäßigten Breiten gibt es auf See die „Braven Westwinde" auf der Nordhalbkugel und die „Heulenden Vierziger" auf der Südhalbkugel. Wer sich auf einer geographischen Breite von 40 Grad Süd auf See befindet und den Wind in den Takelaken heulen hört, versteht, warum dieser Wind zu diesem eigenartigen Namen gekommen ist.

Der Mistral ist ein Wind bzw. Sturm in der Rhonemündung, entstanden aus der Düsenwirkung dieses Tales, in das die kalten Luftmassen aus den angrenzenden Bergen einfließen. Der damit stets aus Norden wehende Wind ist durch seine Zerstörungen berüchtigt. Pappelalleen, die zum Schutze von Eisenbahnlinien gepflanzt wurden, zeigen eine deutliche Krümmung in der vorherrschenden Windrichtung.

Eine besondere Gruppe von Winden sind die Monsune, jahreszeitlich bedingte Vorgänge im großen, ähnlich den kleinen Luftzirkulationen beim Tagesgang an der Küste. Der Monsun ist ein typischer Frühsommerwind, der entsteht, wenn der Kontinent gegenüber dem Meer im Frühjahr stärker erwärmt und ein entsprechend starker Sog die Luftmassen vom Meer zum Lande führt.

Am bekanntesten ist die Wirkung im Himalaja, wo Ende Juni oder Anfang Juli der Monsun gegen die Berge anstürmt und durch Stau und Hebung in den Höhen des Himalaja die gefürchteten Schneestürme mit sich bringt. Auch in Europa ist in manchen Jahren deutlich eine monsunartige Wetterlage zu bemerken, vor allem dann, wenn das Frühjahr sehr trocken und heiß ist. Dann wird sich in der zweiten Hälfte des Juni eine Luftbewegung ausbilden, die vom Meer her —

also vorwiegend aus westlichen Richtungen — feuchte Luftmassen nach Europa führt. Die Folge sind dann die kühlen, regnerischen Sommer, wie wir sie in den Jahren 1953-57 kennengelernt haben. Wir können dann sofort eine weitere, umkehrende Schlußfolgerung ziehen: Wenn das Frühjahr kühl und regnerisch ist, wird sich der Monsun nicht einstellen und ein schöner, trockener Sommer wird die Folge sein (1959). Wie weit allerdings lang anhaltende Trockenheit, staubige Luft und Wassermangel als schön zu bezeichnen sind, mag dahingestellt bleiben.

Der Wind wird zum Segen, wenn er Luftmassen führt, die genügend Feuchte haben und die, durch Unebenheiten der Erdoberfläche abgebremst, gehoben werden und damit Niederschläge ergeben. Selbst Hecken, Wälder und kleine Anhöhen spielen hierbei eine große Rolle. Der Wind kann aber auch jedes pflanzliche Leben zerstören, wenn er ohne Hindernisse trocken über das Gelände braust oder gar die ganze Ackerkrume mitnimmt. Wir erinnern hier an die Wüstengebiete unserer Erde und die Gewalt des Windes bei den Wanderdünen.

Eine Eigenart des Windes sei noch erwähnt, nämlich die Böigkeit, der wir schon in den vorhergehenden Kapiteln verschiedentlich begegnet sind. Es handelt sich dabei um unregelmäßige Geschwindigkeiten des Windes bzw. um ein rasches, oft plötzliches und starkes Ansteigen des Winddruckes. Je stärker die Winde sind — eine Geschwindigkeit von 6 bis 7 m/sec mindestens vorausgesetzt — desto eher ist auch die Möglichkeit für einen böigen Wind gegeben, wie wir dies so markant bei den einbrechenden Kaltluftmassen gesehen haben. Auch plötzliche Änderungen in der Windrichtung sind hierbei zu bemerken. Vollständigkeitshalber möge erwähnt sein, daß man Winde stets mit der Richtung bezeichnet, aus der sie kommen.

Zum Schluß wollen wir uns noch mit dem Föhn, dem vielleicht interessantesten Wind beschäftigen, den wir am Nordrand bzw. im Vorland der Alpen beobachten. Es sei aber betont, daß föhnartige Winde auch sonst auf der Erde vorkommen; nur ist der Föhn am Nordrand der Alpen besonders stark ausgeprägt. Er entsteht dort, wo Luftmassen hohe Berge überqueren und abfallend in die Täler vorstoßen. Der Föhn ist also ein Fallwind, wobei es an sich nicht wesentlich ist, daß er aus Süden kommt, denn es gibt auch in Norditalien einen Föhn, den sogenannten Nordföhn, der also aus umgekehrter Richtung weht. Entscheidend ist nicht die Richtung, sondern das

Übersteigen eines Gebirgsstocks. Daß natürlich Luftmassen, die vielleicht aus den Gebieten der Sahara kommen, an sich schon wärmer und trockener sind als Luftmassen, die von Norden aus Deutschland her die Alpen in Richtung Italien überqueren, liegt auf der Hand.

Wir wissen, daß bei einer charakteristischen Föhnlage die Luft nicht nur warm, sondern ausgesprochen trocken ist, daß eine gute Fernsicht und ganz eigene Wolkenformen an den Bergen zu beobachten sind. Die typischen Föhnwolken haben meist lanzett- oder zigarrenartige Formen, die oft am Rande eigenartig schillern — vergleiche Tafel II neben Seite 53. Oft hängen sie wie kleine Schiffchen im tiefblauen Himmel, manchmal auch in einzelnen Streifen übereinander. Die Segelflieger am Nordrand des Riesengebirges, wo ähnliche Föhnerscheinungen auftreten, bezeichnen sie mit dem originellen Namen Moazagotl-Wolke. Wie die Austrocknung erfolgt, soll die Zeichnung 14 erläutern.

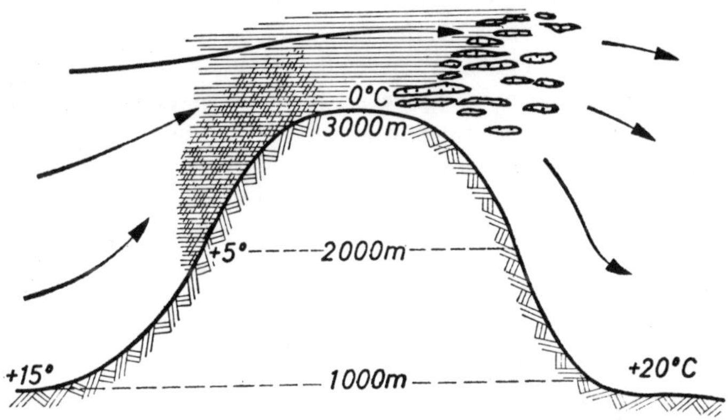

Zeichnung 14. Die Entstehung der Föhnwetterlage

Die Voraussetzung für den Südföhn ist also eine starke, warme Luftmasse, die von Italien kommend die Alpen überquert. Wir wollen hierzu in der Zeichnung 14 einen Berg als Musterbeispiel betrachten. Seine Talsohle möge bei 1000 m Meereshöhe liegen und sein Gipfel 3000 m hoch sein. Von Süden, das heißt in der Skizze von links, strömen nun die Luftmassen gegen den Berg an und werden durch Stau gehoben. Wir beginnen in unserem Beispiel mit einer Bodentemperatur von + 15 ° C und werden — wenn wir die Luftmasse begleiten — eine entsprechende Abnahme der Temperatur bei jeweils 100 m Höhenunterschied um rund 1 ° C feststellen (im Durchschnitt bei trockener Luft nur 0,9 ° C). Die Wetterlage soll so sein, daß in einer Höhe von 2000 m Wolkenbildung einsetzt und daß weiter höher am Berg Niederschlag fällt. Die Gründe für Wolkenbildung, Vereisung und Niederschlag sind uns ja hinlänglich bekannt. Also: von 1000 bis 2000 m sind wir unter den Wolken, darüber bis zum Gipfel in den Wolken.

Wenn also die Temperatur in dem genannten Maße absinkt, so sind es von 1000 bis 2000 m 10 mal 100 m Höhenunterschied und die Temperaturen gehen um 10 mal 1 ° C, das heißt um 10 ° C zurück. In 2000 m Höhe werden also noch + 5 ° C gemessen. In diesem Maße geht aber die Temperatur im feuchten Wolkenbereich am Berg nicht zurück. Innerhalb der Wolken nämlich, also in feuchtigkeitsgesättigter Luft, sinken die Temperaturen auf je 100 m Höhenunterschied nur um rund ½ ° C. Dies überrascht vielleicht; doch brauchen wir uns nur vorzustellen, daß die Wärmemengen, die vorher notwendig waren, um das Wasser zu verdunsten, das heißt vom flüssigen in den gasförmigen Zustand überzuführen, nunmehr beim gegenläufigen Vorgang, wenn das „Wassergas" sich wieder verflüssigt, auch wieder zu Verfügung stehen. Wie also zum Verdunsten stets Wärme gebraucht wird, wird beim Verflüssigen Wärme wieder gewonnen. Die Folge ist, daß innerhalb der Wolkengebiete die Temperaturen nicht in dem Maße zurückgehen wie außerhalb der Wolken.

Genau sind es meist 0,6 ° C, um die je 100 m Höhe in der Wolkenluft die Temperatur zurückgeht; doch auch hier wollen wir der Einfachheit halber mit 0,5 ° C rechnen. Es sind dann von 2000 m bis zum Gipfel wieder 10 mal 100 m, diesmal aber 10 mal ½ ° C, das sind 5 ° C Temperaturabnahme, so daß wir am Gipfel genau die Nullgradgrenze erreichen. Was darüber ist, müssen also Eiswolken sein oder Wasserwolken, die „unterkühlt" sind.

Unsere kleinen Wassertröpfchen können nämlich Minustemperaturen annehmen, ohne sofort zu gefrieren. Diese sogenannten unterkühlten Wolken waren früher bei der Fliegerei sehr gefürchtet, als es noch keine Enteisungsanlagen gab; durch Anfrieren solcher unterkühlter Wassertröpfchen kann nämlich ein Flugzeug mit der Zeit zu schwer werden und abstürzen. Auch der Ballon- oder Zeppelinfahrer kennt diese Gefahr genau. Der Absturz des ANDRE'schen Ballon bei der verunglückten Nordpolexpedition 1897 sowie der Absturz des Luftschiffes Italia unter NOBILE im Jahre 1928 sind auf solche Vereisungen zurückzuführen. Vorwiegend treten sie in den Übergangsjahreszeiten auf.

Wäre der Berg in unserem Beispiel noch höher, kämen wir aus dem Regenbereich in den Schneebereich. Die feuchten bzw. vereisten Luftteilchen ziehen nun über den Berg hinweg und strömen auf die rechte, nördliche Seite hinüber. Da die Luftmassen meist wesentlich höher reichen, werden sie in starkem Zug hoch über die Berge ziehen und damit nach einiger Zeit sogartig auch das Tal bestreichen; sonst wäre es nicht verständlich, warum die nachher so warme Luft als leichtere den Talgrund erreicht.

Hebung der Luft bedeutet Wolkenbildung; entsprechend wird das Abgleiten und Fallen der Luft am Berghang Wolkenauflösung mit sich bringen; denn nach unten geführte Luft wird stets wärmer und kann damit, „kräftiger werdend“, wieder mehr „Wassergas“ in sich tragen und somit die Wolken aufschlucken. Sofort beginnen die über dem Gipfel noch geschlossenen Schichten zu zerfallen und sich aufzulösen, so wie wir es eingangs beschrieben haben. Der Beschauer von Norden sieht dann über den Bergen die charakteristische Föhnmauer, er selbst aber hat über sich blauen Himmel.

Wenn nun die Luft von 3000 m auf 1000 m hinabstreicht, so durchmißt sie ausschließlich trockene Räume, da ja dort, in der Zeichnung 14 rechts, keine Bewölkung vorhanden ist. Hier gilt also wieder die Temperaturabnahme bzw. hier -zunahme von 1 °C auf 100 m. Die Temperaturen nehmen auf dieser Strecke (20 mal 100 m) um 20 mal 1 °C zu, also von 0 °C auf + 20 °C. Wir finden das überraschende Ergebnis: dieselbe Luftmasse, die links am Berg mit + 15 °C anlief, hat nunmehr auf derselben Meereshöhe nach Überschreiten des Berges + 20 °C. Da die Feuchte auf der Südseite des Berges als Regen hängen geblieben ist, kommt die Luft auf der Nordseite nicht nur wärmer, sondern auch wesentlich trockener an. Die Austrocknung der Luft kann so stark werden, daß der Mensch sie empfindet und dann einer besonderen Gereiztheit unterworfen ist.

Da die Luftmassen der echten Föhnlagen warm sind und in ihren Hebungsvorgängen bis 8 km reichen können, wird nach ein- bis zweitägiger Föhnlage soviel Eisgewölke in diesen Höhen über die Berge transportiert, daß auch im Vorland, das heißt also im Norden der Alpen, Eintrübung und Niederschlag erfolgen. Der Föhn, in der Gegend um Innsbruck auch Türkenwind genannt, ist somit stets ein Vorbote für Regenwetter.

Kapitel 20: Nebel und allerlei Niederschläge

Eine Form des Nebels haben wir schon kennengelernt, nämlich den leichten, durchsichtigen Bodennebel. Zwischen starkem Dunst und Nebel gibt es alle Übergänge — irgendwie müssen wir aber doch die beiden Begriffe unterscheiden. In der Wissenschaft ist es üblich, von dunstiger Luft oder Dunst zu sprechen, solange man noch mehr als einen Kilometer weit sehen kann. Ist die Sicht aber stärker behindert, das heißt können wir nur noch 900 m oder weniger weit sehen, dann spricht man von Nebel; der Nebel kann so dicht werden, daß man tatsächlich nur noch wenige Meter weit sieht — er wird dann zum Verkehrsproblem. Wir wollen den Ausdruck „Nebel“ nicht benützen, wenn der Bergsteiger in den Alpen in den Wolken steckt. Es ist üblich, von „Nebel“ nur dann zu sprechen, wenn er im flachen Gelände wie eine Bodenwolke aufliegt.

Der gewöhnliche Nebel kann genau wie der niedere Bodennebel entstehen: durch einen Abkühlungsprozeß des Bodens und der bodennahen Luftschichten. Er ist dann nichts anderes als die Fortsetzung und Verdichtung des Bodennebels. Je nach den Temperatur- und Feuchtigkeitsverhältnissen in der Luft wird ein solcher Nebel — vorwiegend im Herbst, Winter oder Frühjahr — schon abends, nachts oder spätestens am Morgen auftreten, vorausgesetzt, daß der Himmel klar oder ohne wesentliche Bewölkung ist, denn sonst könnte durch die fehlende Ausstrahlung die notwendige Abkühlung nicht erfolgen.

Entsteht der Nebel schon abends — sei es als Tal- oder als Seenebel — so wird er am darauffolgenden Morgen eine beträchtliche Höhe von vielleicht 100-200 m erreichen können,denn er wächst ja mit der Abkühlung stetig vom Boden aus nach oben. Kommt dann am Vormittag im September oder Oktober am wolkenlosen Himmel die Sonne hoch, wird es ihr gelingen, ihre Strahlen durch den Nebel hindurch auf den Erdboden zu senden, diesen zu erwärmen und damit einen Erwärmungs- bzw. Auflösungsprozeß von unten her in die Wege zu leiten. Der Nebel löst sich also, genau wie er entstanden ist, auch von unten her wieder auf. Die Reste treiben dann noch einige Zeit in einzelnen Schwaden zwischen 100-200 m über uns, bis sie sich vollends auflösen. Unter Umständen können sich aber aus diesen Nebelresten kleine Haufenwolken entwickeln, wie wir sie in Kapitel 1 und 2 gesehen haben.

Die Nebelvorgänge sind also deutlich an den Tagesgang gebunden und setzen klares Wetter voraus.

Nun gibt es einen alten Wetterspruch: „Wenn der Nebel hinaufgeht, gibt es schlechtes Wetter". Es liegt dann folgende Wetterlage vor: Wir bemerken an einem Oktobervormittag, daß sich der Nebel nicht auflöst, daß er aber in ungefähr 100 m oder mehr sich noch über uns als geschlossene Schicht befindet. Dadurch wird der Eindruck erweckt, als ob die dort beobachtete Nebelschicht von unten nach oben gestiegen wäre In Wirklichkeit hat die Sonne den Raum um uns, das heißt also die bodennahe Luftschicht, durch Erwärmung von Nebel befreit, während die höheren Schichten des Nebels von der Erwärmung nicht mehr erfaßt wurden und bestehen blieben. Wenn wir genau beobachten, werden wir feststellen, daß ein Nebel nie hinaufzieht, sondern daß er stets nur hinaufwächst oder von unten her sich auflöst. Hangaufwärtstreibende Wolkenfetzen in den Bergen gehören nicht hierher.

Dieser Vorgang, daß der Nebel nur ein Stück weit von unten her sich auflöst, wird dann eintreten, wenn hoch darüber eine Wolkenschicht aufzieht, die die weitere Sonnenstrahlung abschirmt und die restliche Nebelauflösung verhindert. Da eine solche Wolkenschicht eine bestimmte Mächtigkeit haben muß, kann es sich nur um einen Warmluftaufzug handeln, der im weiteren Verlauf des Tages oder am darauffolgenden Tag Niederschlag bringt. Dieses Regenwetter wird also nicht von dem „hinaufgegangenen" Nebel erzeugt, sondern durch eine neu herangeführte Wetterlage. Diese hat die Nebelauflösung verhindert; wir können diesen Umstand als Anzeichen für Regenwetter deuten.

Befinden wir uns im späteren Herbst, das heißt im November oder gar im Dezember, wenn die Sonne über Mittag nur noch geringe Höhen erreicht, wird ihre schräg einfallende Strahlung so schwach sein, daß sie den Nebel über Mittag nicht mehr aufzulösen vermag. Wir beobachten wohl in den Nachmittagsstunden, daß der Nebel am Boden etwas lockerer wird, aber mit der abendlichen Kühle wird der Nebel wieder dichter: wir geraten in die oft tagelang andauernden Nebellagen hinein. Der Nebel erreicht dann eine beträchtliche Höhe und wird als Hochnebel bezeichnet.

Von unten her sieht man stets ein Stück weit durch den Nebel hindurch; vielleicht auch ist die Luft durch kleine Bodenwinde unmittelbar über dem Boden etwas durchgewirbelt — dann entsteht meist der Eindruck, der darüberliegende, dichte Hochnebel beginne erst in einer bestimmten Höhe. Diese Hochnebellagen, die sogar wochenlang dauern können, sind also nur möglich, wenn darüber schönes Wetter herrscht und keine Luftmassen durch ihre Bewegung, das heißt durch größere Winde die Nebellage stören: Nebel und starke Winde vertragen sich verständlicherweise nicht. Es ist natürlich nicht gerade angebracht, diese Nebellagen „schönes Wetter“ zu nennen; denn der Mensch, der unter dieser Nebeldecke lebt, empfindet diesen Zustand sicherlich nicht als schön. Wir brauchen aber nur einige 100 m in das Bergland hinaufzugehen und sind schon über dem Nebel im wolken- und niederschlagslosen Schönwetter. Die Mittelgebirge weisen des öfteren im Herbst oder Frühjahr diese Wetterlagen auf und wer in 600-800 m Höhe wohnt und in der „Tiefe“ arbeitet, kann diese Nebellagen täglich von unten und von oben betrachten.

Nebel kann auch entstehen, wenn verschiedene Luftmassen sich langsam und ruhig durchmengen, das heißt also, wenn nur geringe Temperatur- und Druckunterschiede vorhanden sind und damit keine Hebungsvorgänge einsetzen. Man spricht dann von einem Mischluftnebel, der vor allem in den Küstengebieten auftritt.

Wenn bei einer länger anhaltenden Nebellage durch weitere Abkühlung immer mehr Feuchtigkeit aus der Luft ausfällt, werden wir beim Gehen durch den Nebel bemerken, daß unsere Haare und unsere Kleider feucht werden, darüberhinaus, daß die kleinen Nebeltröpfchen sichtbar abzusinken beginnen. Man nennt diesen Vorgang dann nicht „Regnen“, sondern spricht zunächst von „nässenden Nebel“ und nennt den Niederschlag selbst „Nieseln" oder „Sprühregen". Dies ist also dann ein Niederschlag, der ohne den Umweg über die Vereisung ausfällt, wobei das Fallen dieser sehr kleinen Tröpfchen allerdings mehr einem Herunterschweben gleicht. In den Küstengebieten können diese Nieselniederschläge sehr kräftig werden und sogar in Schauerform auftreten.

Bei den weiteren Niederschlagsformen, die wir noch kennenlernen wollen, soll uns die Zeichnung 15 behilflich sein. Wir müssen uns dabei allerdings von der Vorstellung freimachen, die Temperaturen nach oben würden stets gleichmäßig abnehmen und immer ganz gleichmäßig geschichtet liegen.

Beim Verfolgen der Temperaturen nach oben, wie es durch die Radiosondenaufstiege geschieht, wird immer wieder festgestellt, daß hin und wieder auf eine Strecke von 50 bis 100 m oder auch mehr die Temperaturen nicht zurückgehen, sondern sogar ansteigen, um dann erst wieder abzusinken. Diese „Temperaturumkehr" finden wir vorwiegend direkt über dem Erdboden. Wir dürfen hierbei nur wieder an den täglichen Sonnengang und die damit wechselnden Bodentemperaturen denken, dann überrascht uns diese Tatsache nicht. Wenn in der Nacht oder am Morgen die Temperaturen am Boden stark absinken, werden in der Höhe die Temperaturen diesen schnellen Wechsel nicht mitmachen und damit höher als am Boden sein.

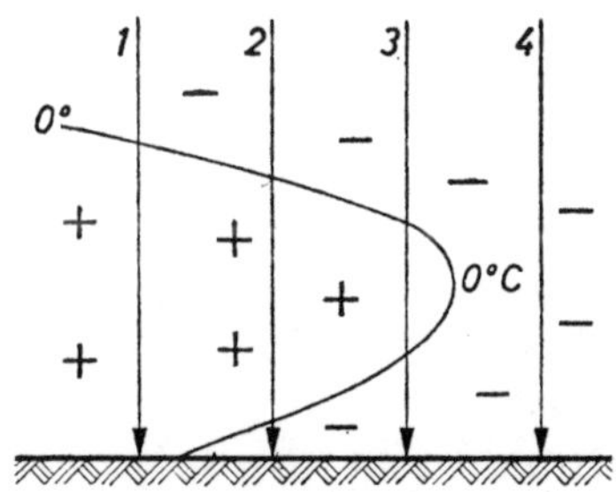

Zeichnung 15
Verschiedene Niederschlagsmöglichkeiten

Die Zeichnung 15 soll darstellen, wie eine wärmere Luft sich von links wie ein Keil in eine kältere Luft hineinschiebt, wobei also innerhalb des Keils positive und außerhalb negative Temperaturen herrschen. Die senkrechten Striche 1 bis 4 sollen fallenden Niederschlag andeuten, sei es, daß wir uns die vier Fälle als Einzelfälle betrachten oder das gesamte Bild als eine Wetterlage, die sich von links nach rechts großräumig über den Beobachter hinwegschiebt.

Fall 4 ganz rechts ist wohl der einfachste: In großen Höhen bei negativen Temperaturen hat sich Eis gebildet, das zu fallen beginnt und ungestört als Schnee — meist in sechsstrahligen Sternchen — den Boden erreicht. Dies ist der Normalfall des winterlichen Schnees. Dann betrachten wir den Fall ganz links: Dort fällt das Eiskorn in den positiven Raum, wird zum Schmelzen gebracht und erreicht als Regentropfen den Boden. Dies ist dann der Normalfall des sommerlichen Regens.

Etwas komplizierter sind nun die beiden mittleren Fälle. Betrachten wir zunächst Fall 3, in dem das Eiskorn in den positiven Raum fällt, vielleicht aber nicht ganz zum Aufschmelzen gebracht wird. Gleich darauf kommt es auf seinem Fallweg wieder in negative Temperaturen, so daß das nur halbgeschmolzene Produkt wieder Frosteinflüssen ausgesetzt ist. Dann entstehen die allerdings nicht sehr häufigen kleinen, weißlichen und undurchsichtigen Eiskörnchen, die man als Griesel oder — wenn sie größer als ein Millimeter sind — als Reifgraupel bezeichnet. Die Grieselkörnchen springen vom Boden nicht auf, während die etwas größeren Bällchen der Reifgraupel dies zu tun pflegen. Die Reifgraupeln dürfen wir aber nicht verwechseln mit den Frostgraupeln, die wir im Zusammenhang mit der Hagelentstehung Seite 76 schon besprochen haben.

Dann soll uns zuletzt noch Fall 2 beschäftigen. Das Aufschmelzen kann ganz erfolgen, da der Weg durch den positiven Raum lange genug ist und somit ein Regentropfen entsteht wie bei Fall 1. Aber dann taucht der voll aufgeschmolzene Regentropfen vor dem Erreichen des Bodens noch einmal in den negativen Raum ein. Der Regentropfen wird abgekühlt und kann unter Umständen Temperaturen von 5 oder 10 Grad Kälte annehmen, ohne daß er in der Luft wieder zu Eis erstarrt. Man spricht dann von „unterkühltem“ Regen, ein Vorgang, den wir schon bei den Wolken im letzten Kapitel kennen lernten.

Tafel V. *Wenige Minuten vor Ausbruch des Gewitters. Man beachte die weißliche Eis-Schichtung im Hintergrund und den noch erkennbaren Schirm über dem dunklen Haufengewölke.*

Erreicht dieser kalte Regen den Boden, so gefriert er sofort und überzieht den ganzen Boden, alle Sträucher und Gegenstände, mit einer feinen, klaren Eisschicht. Dann entstehen die gefürchteten Glatteislagen, denn echtes Glatteis entsteht nur so und nicht durch glattgetretenen oder glattgefahrenen Schnee. Der Straßenzustandsbericht unterscheidet ja auch wohlweislich zwischen Glatteis und Schneeglätte. Dieses echte Glatteis, das glücklicherweise nicht allzuoft vorkommt und meist nur in den Übergangsjahreszeiten entsteht, kann sich allerdings auch dann bilden, wenn Regen von 0 Grad Celsius oder wenigen Wärmegraden auf einen Boden auftrifft, der gefroren ist; dann werden die Regentropfen ebenfalls sofort anfrieren und Glatteis bilden. Für den Fahrverkehr, aber genauso auch für den Fußgänger bringen die Glatteislagen große Gefahren mit sich, wie aus den Unfallziffern bei solchen Wetterlagen ersichtlich ist. Meist fällt unterkühlter Regen in den Morgenstunden und das Glatteis wird im Laufe des Vormittags wieder aufgelöst bzw. die nachfolgende wärmere Luft bringt diesen Eisbelag wieder zum Schmelzen. Alle Griesel-, Reifgraupel- und Glatteiserscheinungen deuten stets auf weitere Erwärmung und Tauwetter hin.

Zum Abschluß dieses Kapitels wollen wir noch einige Sonderfälle besprechen. Bei sehr großem Frost, das heißt bei richtigen Winterlagen von ca. minus 20 Grad Celsius kann die Feuchtigkeit der Luft durch die starke Kälte sofort in Form von feinen Eisnadeln ausfallen. Man kann dann am klaren, blauen Himmel ein feines Glitzern von fallenden Eiskristallen beobachten. Da die Auskühlung am Boden am stärksten ist, entstehen diese Eiskristalle nicht in großer Höhe, sondern in wenigen Metern über dem Erdboden, so daß man fast zuschauen kann, wie sich die Kristalle bilden. Man spricht dann von Polarschnee.

Der Reif ist uns schon im Kapitel 14 begegnet; wir haben dort auch über den Tau gesprochen. Dieser Reif bildet sich aber nicht nur am Boden. Wir können ihn vor allem in den Mittel- und Hochgebirgen auch an allen Gegenständen, Pflanzen und Bäumen finden.

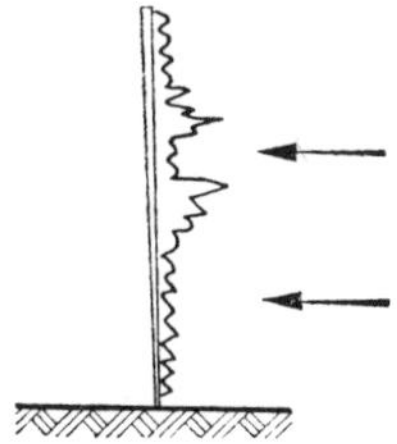

Zeichnung 16
Der Rauhreif wächst dem Wind entgegen.

Die Reifüberzüge bestehen meist aus feinen langen Eisnadeln, die von den Gegenständen abstehen. Bringt bei Frosttemperaturen der Wind genügend Feuchte mit, die sich zusätzlich überall in Eisform absetzt, so entstehen die oft bizarren Gebilde des Rauhreifes und des Rauhfrostes. Diese Eisformen entstehen also durch Anfrieren der Feuchtigkeit an den Gegenständen vorwiegend auf der Seite, von der die Luft herangeführt wird, das heißt die Eisgebilde wachsen dem Wind entgegen. Dies soll die Zeichnung 16 veranschaulichen.

Man unterscheidet den Rauhreif in seiner lockeren, kristallinen Form vom Rauhfrost, der schwere, große, feste und körnige Gebilde aufweist. Diese Rauhreif- und Rauhfrostlandschaften, die wir insbesondere vom Schwarzwald oder vom Riesengebirge her kennen, gehören zum Eindrucksvollsten, was ein Skifahrer oder Bergwanderer im Winter erleben kann. Daß das beachtliche Eisgewicht des Rauhfrostes zu Baumbrüchen und Zerstörungen von Telegraphenleitungen führen kann, ist nachgerade bekannt.

VI. Abschnitt: Der Spuk in der Atmosphäre — seltsame Erscheinungen in unserer Lufthülle

Kapitel 21: Luftspiegelungen

Immer wieder lesen wir in den Tageszeitungen von merkwürdigen, seltenen oder rätselhaften Himmelserscheinungen. Geht man diesen Vorgängen nach, erkennt man, daß es sich um ganz natürliche optische Vorgänge handelt, die sich unseren Augen in der Lufthülle darbieten. Es muß betont werden, daß alle Erscheinungen, die wir in diesem Abschnitt besprechen, keineswegs so selten sind, wie dies immer wieder behauptet wird. Die Seltenheit liegt darin, wie oft bzw. wie wenig die Menschen heute noch in der Natur richtig beobachten. Es werden Dinge als „ungeklärt“ oder „noch nie dagewesen“ oder „sensationell“ hingestellt, die unseren Großeltern ganz bekannte Naturerscheinungen waren und die in den Naturbüchern des letzten Jahrhunderts in allen Einzelheiten längst niedergelegt sind.

Wir beginnen mit einem Erlebnis, das der Verfasser als junger Schüler einmal in Stuttgart hatte: An einem brütend heißen, windstillen Sommernachmittag kam über einer asphaltierten Straße, die zu der damaligen Zeit (1920) überhaupt keinen Verkehr aufwies, wie ein Spuk am hellichten Tage der Oberkörper einer Frau mit dem Kopf nach unten in einer verschwommenen Umgebung lautlos dahergeschwebt. Ehe ich mich von meinem Schreck erholt hatte, war die Erscheinung auch schon wieder vorüber. Kurze Zeit danach kam dieselbe Frau zum zweitenmal, nun aber aufrecht in ganzer Person und in Wirklichkeit. Ohne Zweifel handelte es sich jedesmal um dieselbe Person, wobei allerdings die erste Erscheinung keine Wirklichkeit war, sondern eine Luftspiegelung im wahrsten Sinn des Wortes. Wir kennen diese Luftspiegelungen unter dem Namen Fata Morgana vorwiegend aus der Wüste, wo sie wesentlich häufiger auftreten als in unseren Gegenden.

Daß wir uns in einem ruhigen Wasser spiegeln können, ist uns eine bekannte Tatsache. Lichtstrahlen, die das Wasser treffen, werden an der Oberfläche zu einem großen Teil zurückgestrahlt, sie kommen dann unter dem Winkel zurück, unter dem sie aufgetroffen sind.

Nun ist es möglich, daß auch in der Luft sich Schichten bilden, die ebenfalls spiegeln. Voraussetzung hierzu ist, daß keinerlei Wind geht und daß eine Erwärmung und Abkühlung von unten her nur bis zu einer bestimmten Höhe erfolgt ist, an der dann ein deutlicher Temperatursprung vorliegt. Da Luftschichten, die sich temperaturmäßig stark voneinander unterscheiden, auch in ihrer Zusammensetzung und in ihrer Dichte verschieden sind, wirken sie spiegelnd. Man nennt dann eine solche Stelle in der Luft eine Sprungschicht.

Es muß sich also bei dem oben geschilderten Fall eine solche durch starke Erwärmung von unten gebildete Sprungschicht ungefähr 50 bis 80 cm über der Straße befunden haben, so daß der über diese Schicht herausragende Oberkörper der entgegenkommenden Frau sich darin vor dem Beobachter spiegelte. Sowie natürlich irgendeine Bewegung eine solche Luftschicht stört, ist der Spuk sofort vorbei, wie es auch nicht möglich ist, sich in einem wellenbewegten Wasser zu spiegeln.

Einen anderen Fall beobachtete der Verfasser während des zweiten Weltkrieges über dem betonierten Rollfeld eines Flughafens in Frankreich: Teile eines Flugzeugschuppens, der weit im Hintergrund stand, waren deutlich in größerer Höhe zu beobachten — ebenfalls wieder umgekehrt und leicht verschwommen. Auch diese Spiegelung war nur möglich, weil vollständige Windstille herrschte und der Flugbetrieb ruhte, während die Hitze über dem Rollfeld flimmerte. Dabei muß die spiegelnde Schicht aber wesentlich höher, das heißt etwa 15 bis 20 Meter über dem Beobachter gelegen haben.

Bei der echten Fata Morgana der Wüste spielt allerdings nicht nur die eben erwähnte Spiegelung, sondern noch ein anderer Umstand eine Rolle. Wenn Lichtstrahlen durch solche Sprungschichten hindurchdringen, werden sie, wenn auch nur geringfügig, so doch meßbar aus ihrer Richtung abgelenkt oder — wie man sagt — gebrochen. Wir kennen den Vorgang wiederum aus der Praxis mit dem Wasser, sei es, daß wir einen Kochlöffel in einem Topf hineinhalten oder unser Bein in die Badewanne. Immer sieht es aus, als ob die „Gegenstände" an der Wasseroberfläche gebrochen wären. In der Luft machen sich diese Lichtbrechungen am stärksten da bemerkbar, wo die Schichten besonders dicht sind, das heißt knapp über dem Horizont.

So ergibt sich, daß wir häufig horizontnahe Gegenstände gehoben sehen und die Sonne am Horizont noch beobachten können, obwohl sie in Wirklichkeit schon untergegangen ist. Daher auch die merkwürdigen Verzerrungen der Sonne oder des Vollmondes bei den Auf- und Untergängen. Der Astronom kennt diese Vorgänge genau und er wird sich hüten, in Horizontnähe genaue Sternmessungen vorzunehmen.

An der Küste und auf See sind uns die Lichtbrechungen häufiger bekannt — durch eine Hebung der Kimm — als sogenanntes Seegesicht, das uns Dinge zeigt, die man sonst nicht sieht, oder das uns Küste oder Schiffe knapp zweimal übereinander zeigt, einmal richtig und einmal scheinbar gehoben. Besonders schön hat der Verfasser das Seegesicht des öfteren in den frühen Morgenstunden in der Bucht von Arcachon in Südwestfrankreich beobachtet. Hier entstehen die Sprungschichten durch Abkühlung vom Wasser her.

Auch ist dem Verfasser bekannt, daß vor Jahren einmal vom Vorgelände der Schwäbischen Alb aus der Kirchturm von Ochsenwang zu sehen war, was normalerweise einfach nicht möglich ist, da der Ort auf der Hochfläche der Alb in einer kleinen Senke liegt. Auch da handelte es sich um eine solche Hebung, die durch Brechung der Lichtstrahlen an verschieden temperierten Luftschichten erfolgt sein muß.

Dieser Vorgang der Lichtbrechung ergibt nun zusammen mit der Spiegelung die Fata Morgana, denn dort werden dem durstigen Wüstenwanderer im Wasser sich spiegelnde Palmen vorgegaukelt, wobei diese Palmen in Wirklichkeit vorhanden sind, aber sehr viel weiter weg, und der Spiegel eben kein Wasser, sondern eine Luftschicht ist.

Kapitel 22: Regen- und Nebelbogen

Wer hätte nicht schon einen Regenbogen gesehen! Wir nehmen ihn meist als freudiges Ereignis, da es zu regnen aufgehört hat und die Sonne wieder scheint. So selbstverständlich uns diese Erscheinungen sein mögen — sie sind es wert, etwas mehr darüber zu hören. Wie der Name sagt, geht es nicht ohne Regen, und eine starke Lichtquelle wird ebenfalls gebraucht. Wenn der Regen abzieht und die Sonne in die fallenden Tropfen hineinstrahlt, ergeben sich die Vorgänge, die wir im letzten Kapitel als Brechung und Spiegelung kennengelernt haben, im kleinen, das heißt in den einzelnen fallenden Regentropfen.

Der weiße Lichtstrahl der Sonne verrät dabei, daß er sich aus verschiedenen, farbigen Bestandteilen zusammensetzt, die auch verschiedene Brechrichtungen haben, so daß aus einem Regentropfen kein weißer Lichtstrahl, sondern ein farbiges Strahlbündel zurückkommt. Da wir ja nur die Lichtstrahlen sehen, die unser Auge treffen, können wir die optischen Vorgänge nur jeweils von den Regentropfen beobachten, die von uns aus gesehen zur Sonne denselben Winkel bilden; das heißt wir sehen alle gleichfarbigen Strahlen auf übereinandergelagerten Kreisbogen. Wir bekommen also aus jedem Regentropfen wie bei den Tautropfen höchstens einen Farbstrahl zu Gesicht, während die anderen an uns vorbeigehen. Jeder Beobachter hat somit seinen eigenen Regenbogen!

Bekanntlich sollen Sonntagskinder da Gold finden, wo der Regenbogen den Horizont berührt. Wahrscheinlich haben aber die Sonntagskinder diese Goldsuche längst aufgegeben, weil sie bemerkt haben, daß ihnen beim Suchen der Regenbogen davonläuft. Aus geometrischen Gründen bilden Sonne, Beobachter und Mittelpunkt des Regenbogens immer eine Linie; wenn wir also zum Bogen schauen, haben wir stets die Sonne im Rücken. Damit haben wir vom Beobachtungsort zu den beiden Punkten, an denen der Regenbogen den Horizont berührt, auch immer gleich weit. Wenn sich ein Bogen in dem Augenblick bildet, in dem die Sonne genau am Horizont steht, sehen wir einen vollen Halbkreis über dem der Sonne gegenüberliegenden Horizont und die Linie Sonne — Beobachter — Mittelpunkt liegt waagerecht.

Steht die Sonne aber etwas höher über dem Horizont, wird diese Linie gegen den Horizont geneigt sein und von der Sonne kommend beim Beobachter in Richtung zum Regenbogen in die Erde „hineinstechen". Das Ergebnis ist, daß dann der Mittelpunkt des Halbkreises sich theoretisch unter den Horizont begibt und wir somit keinen Halbkreis mehr, sondern nur einen Teil davon, also einen Bogen sehen können. Steht die Sonne etwa 20 bis 30 Grad hoch über dem Horizont, werden wir nur noch einen sehr kleinen Bogen tief über dem gegenüberliegenden Horizont beobachten, und bei einer Sonnenhöhe von 40 Grad und darüber gibt es überhaupt keinen Regenbogen mehr, da der Halbmesser des Regenbogens stets 41 Grad beträgt.

Es soll also niemand behaupten, er hätte im Hochsommer in Europa über Mittag einen Regenbogen gesehen! Wir erinnern uns sicher daran, daß wir die Regenbogen vorwiegend in den späten Nachmittags- oder frühen Abendstunden beobachten. Der Lehrer wird hier manche Anregung zu Beobachtungs- und Berechnungsaufgaben finden. Die Strahlenfolge der Regenbogen ist dabei stets so, daß sich Rot-Orange oben am Bogen, Gelb-Grün-Blau in der Mitte und das Indigo-Violett unten befinden. Wenn sich die Sonnenstrahlen in den Regentropfen zweimal brechen, dann entsteht über dem ersten ein zweiter Regenbogen mit einem Halbmesser von 52 Grad, der lichtschwächer ist und bei dem die Farbfolge umgekehrt verläuft.

Da ein Regen nicht immer gleichmäßig fällt oder die Bewölkung zerrissen sein kann, sehen wir sehr häufig von den Regenbogen nur Teilstücke. Je größer die Regentropfen sind, umso farbenprächtiger wird der Regenbogen. Was die Sonne nun bei Tag, kann auch der Mond um die Vollmondszeit bei Nacht, das heißt es gibt nicht nur einen Sonnenregenbogen, sondern auch einen, natürlich schwächeren Mondregenbogen. Wenn auch die Farben des Mondbogens längst nicht so ausgeprägt sind wie beim Sonnenbogen, so sind sie doch erkennbar. Da der Vollmond oder der Mond um die Vollmondszeit im Sommer sehr tief steht, kann es bei entsprechenden Wetterlagen in den Nachtstunden zu einem Mondregenbogen kommen. Stimmungsmäßig ist eine solche Erscheinung sehr eindrucksvoll.

Und noch einen dritten Bogen gibt es in dieser Gruppe, den Nebelbogen, der, wie der Name sagt, im Nebel entsteht. Da die Nebeltröpfchen zu klein sind, um die Farbzerlegung des Sonnenlichtes zu bewerkstelligen, erscheint dieser Bogen in rein weißlicher Farbe, vorwiegend in den frühen Vormittagsstunden, wenn die Sonne im Begriff ist, einen niederen Nebel aufzulösen. Die Erscheinung entsteht sehr nahe am Beobachter, über ihm oder um ihn herum, so daß man einen Nebelbogen fast „greifen" kann; aber wir wissen ja, daß solche Erscheinungen sich sofort verändern, wenn wir uns bewegen. Der Verfasser hat einmal einen Nebelbogen beobachtet, der als treuer Begleiter über längere Zeit mitmarschierte, das heißt der Bogen ging vorweg, da die Sonne genau im Rücken stand.

Kapitel 23: Die farbigen Höfe

Wie die Nebelbogen in reinem Weiß erscheinen, so zeigt sich bei feuchter Luft um die Sonne und den hellen Mond — oft auch in leichter Bewölkung — ein weißlicher Schein, die Aureole. Es sind geschlossene, helle Scheine, die sich unmittelbar um Sonne oder Mond herumlegen. Sogar um die Venus und um helle Sterne kann ein solcher Schein entstehen.

Zeigt ein solcher Schein Regenbogenfarben — vielleicht sogar in mehrfachen Wiederholungen — dann spricht man von einem Kranz, der im Volksmund unter dem Namen Mondhof bekannt ist. Wenn schon das Licht des Mondes um die Vollmondszeit in der wolkenfreien, aber feuchten Luft oder an Wolken einen solchen farbigen Hof zuwege bringt, um wieviel farbenprächtiger muß dann erst ein Sonnenhof sein! Es lohnt sich also nach einer Nacht, in der wir einen Mondhof beobachtet haben, nach derselben und viel kräftigeren Erscheinung um die Sonne am Vormittag Ausschau zu halten. Bei der Beobachtung empfielt es sich natürlich, entweder eine starke Sonnenbrille bzw. ein Blendglas zu verwenden oder sich auf der Straße so zu stellen, daß die Sonne gerade durch ein Hausdach verdeckt ist.

Manchmal fallen auch die Farbringe der Sonne dadurch auf, daß man zufällig sieht, wie sich die Sonne in einem Gewässer spiegelt. Die Erklärung für die Höfe finden wir in den Lehrbüchern der Optik unter dem Kapitel „Beugung". Es werden hierbei an feuchten Teilchen die Lichtstrahlen — wie der Name es genau sagt — gebeugt. Es ist, wie wenn Wasserwellen, die durch ein Schleusentor laufen, nicht nur geradlinig weiterziehen, sondern auch seitlich zu bemerken sind. Gleichzeitig entsteht die uns schon bekannte Farbzerlegung.

Da die Warmluftaufzüge die Voraussetzung für Mond- und Sonnenhof mit sich bringen, können diese Erscheinungen fast stets als Regenanzeichen gedeutet werden.

Kapitel 24: Schatten, Glorien und Gespenster

Merkwürdige Begegnungen erleben die Bergsteiger in Wolken oder Wolkenfetzen. Da stehen uns plötzlich gespenstige Gestalten gegenüber, die sich genau so verhalten, wie wir uns bewegen. In Wirklichkeit ist es der eigene Schatten — meist stark vergrößert —, der vom Sonnenlicht auf nahe Wolken geworfen wird. Durch die im letzten Kapitel beschriebenen Beugungsvorgänge kann sich dann um den Kopf des Schattenbildes ein weißlicher oder farbiger Schein legen, den man auch als „Heiligenschein" oder „Glorie" bezeichnet. Am bekanntesten ist das sogenannte Brockengespenst, das dem Wanderer im Harz meist im auflösenden Frühnebel begegnet.

Die Luftschiffer und Ballonfahrer kennen die „Luftschiffersonne", ein schattenartiges Abbild, das die Sonne vom Luftschiff oder Ballon auf Nebel oder tieferliegende Bewölkung wirft. Um Gondel oder Korb entstehen im Schatten ebenfalls die farbigen Beugungsringe; auch hier sind es Glorien und keine Aureolen, wie in Kreisen der Ballonfahrer manchmal erzählt wird. Eine Glorie entsteht stets an dem Punkt des Schattens, an dem die Linie Sonne- Beobachter in der Verlängerung das Schattenbild trifft.

Kapitel 25: Halo-Erscheinungen

Die farbigen Kränze oder Höfe, die sich unmittelbar um Sonne und Mond legen, dürfen nicht mit den großen Kreisen verwechselt werden, die sich in weitem Abstand um Sonne oder Vollmond zeigen.

Diese meist weißlichen großen Kreise nennt man Halo — der Name stammt aus dem Griechischen und bedeutet Kreis. Wir sind ihnen schon im Kapitel 8 begegnet und es lohnt sich, sie noch eingehender zu besprechen, da sie in sehr verschiedenen Formen auftreten können. Während in den letzten Kapiteln die besprochenen Erscheinungen stets in feuchter Luft, an kleineren Tröpfchen im Nebel oder in größeren in Wolken entstehen, spielen sich alle Halo-Vorgänge in größeren Höhen ab, in den Regionen der Eiswolken, also durchschnittlich zwischen 6 und 8 km Höhe.

Sie treten auf, wenn sich die Sonnen- oder Mondstrahlen in den feinen Eiskristallen der hohen Bewölkung brechen. Wir betrachten im folgenden Zeichnung 17.

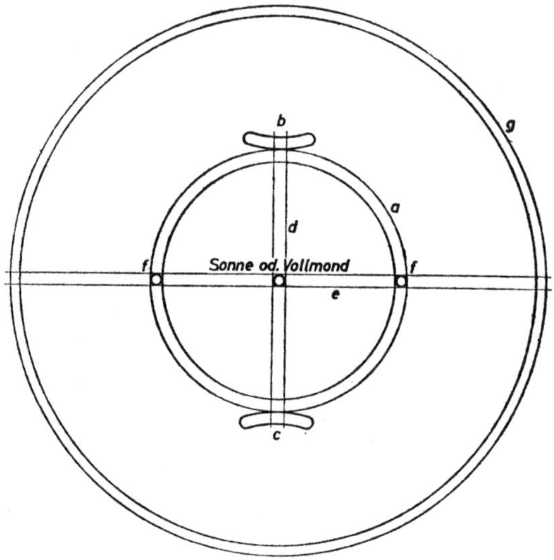

Zeichnung 17. Die häufigsten Haloerscheinungen

Am häufigsten entsteht der Kreis (a) — der eigentliche Halo —, der unter einem Halbmesser von 22 Grad sich um die Sonne legt, meist weißlich, doch auch leicht mit Regenbogenfarben, wobei Rot innen und Blau außen ist! Wie schon oben gesagt, ist es nicht ratsam, bei solchen Beobachtungen direkt in die Sonne zu schauen, sondern sie durch einen Gegenstand: Baum, Telegraphenstange oder Haus zu verdecken. Am höchsten Punkt des Kreises (a) kann ein kleiner Bogen (b) entstehen, der nach oben geöffnet ist. Man spricht dann vom oberen Berührungsbogen, im Gegensatz zum unteren (c), der allerdings nicht so häufig ist. Weiter kann eine weißliche, senkrechte Lichtsäule (d) entstehen, die durch die Sonne selbst geht. Als Gegenstück hierzu gibt es eine waagerecht durch die Sonne verlaufende Linie, den Horizontalbogen (e), der den Kreis (a) schneiden und weit über diesen hinaus nach links und rechts gehen kann.

An diesen Schnittpunkten entstehen die berühmten Nebensonnen (f), weißliche oder farbige Lichtkleckse, die also im Abstand von 22 Grad links und rechts der Sonne auftreten. Sie können so hell werden, daß der Eindruck erweckt wird, drei Sonnen stünden nebeneinander über dem Horizont. Während der Kreis (a) den ganzen Tag über entstehen und auch stundenlang beobachtet werden kann, werden die Nebensonnen vorwiegend in den Nachmittagsstunden gesichtet, wenn die Sonne sich dem Horizont zuneigt. In einem Abstand von 46 Grad gibt es dann noch einen zweiten, wesentlich größeren Halo (g), der allerdings schon zu den Seltenheiten gehört.

Wir haben von den Halo-Phänomenen nur 7 von rund 25 möglichen erwähnt. Auch bei der Farbfolge der Nebensonnen ergibt sich die Tatsache, daß Rot innen, also der Sonne zugekehrt ist. Dies hängt damit zusammen, daß bei allen Halo-Vorgängen die Lichtstrahlen von Sonne oder Mond nicht an Wassertröpfchen, sondern an Eisteilchen gebrochen werden.

Die hierzu benötigte Bewölkung ist der erste Teil der feinen, meist schon in geschlossener Form auftretenden hohen Eisschicht, die uns einen Warmluftaufzug mit nachfolgender Eintrübung und Regen ankündigt; die Halo-Erscheinungen sind also mit Recht als Regenboten anzusehen — allerdings mit einer Einschränkung: Läuft die Aufgleitbewölkung von Westen oder Südwesten über Deutschland, so ist ein Halo ein sicheres Anzeichen für einen Wetterumschlag. Zieht aber die Bewölkung im Norden an uns vorüber und entstehen darin Halo und Nebensonnen, so ist die obige Voraussage nicht gegeben. Wir sehen also: Ohne Einschränkungen geht es in der Wetterkunde leider selten.

Kapitel 26: Leuchtende Nachtwolken

Wer in der späten Abenddämmerung aufmerksam beobachtet, kann manchmal feine wolkenartige Gebilde sehen, die deutlich in der Nacht leuchten und immerhin zu den Merkwürdigkeiten unserer Lufthülle gehören. Um diese Erscheinungen wahrnehmen zu können, ist es allerdings erforderlich, von einem Platz aus zu beobachten, an dem keinerlei Licht stört.

Wir haben schon erwähnt, daß alle Wolken, die in unserem Wettergeschehen eine Rolle spielen, nicht höher als 10 km sind. Die leuchtenden Nachtwolken, die noch als feinste Federwolken anzusprechen sind, sind in gewissem Sinn seltene Ausnahmen in einer Höhe zwischen 15 und 25 km. Da sie wie Perlmutter glänzen, bekamen sie den Namen Perlmutterwolken. Sie leuchten natürlich nicht selbst, sondern werden noch vom Sonnenlicht getroffen, wenn bei uns die Sonne längst untergegangen und die Nacht angebrochen ist.

In noch größeren Höhen (etwa 50 bis 100 km) können hin und wieder andere leuchtende Nachtwolken beobachtet werden, deren Ursache in starken Vulkanausbrüchen zu suchen ist. Am auffallendsten waren diese Erscheinungen im Jahre 1883, als der Vulkan Krakatoa auf einer kleinen Insel zwischen Java und Sumatra buchstäblich in die Luft geschleudert wurde. Von dem ursprünglich 800 m hohen Berg blieb nur noch ein Drittel übrig. Die bei dem Ausbruch entstehende Flutwelle kostete auf den benachbarten Inseln 36000 Menschen das Leben. Der emporgeschleuderte Staub wurde bis in die vorher genannten Höhen hinauftransportiert, mit Luftströmungen um die ganze Erde geführt und gab während der Dämmerung durch die Sonnenbestrahlung zu Leuchterscheinungen Anlaß. Auch der Ausbruch des Vulkans Katmai in Alaska verursachte 1912 ähnliche Leuchtvorgänge.

Auch am hellen Tag entstand in den genannten Jahren durch diesen Vulkanstaub um die Sonne in 15 Grad Abstand ein eigenartiger rotbrauner Ring. Durch Trübungsteilchen in der Luft wird das Sonnenlicht stets gestört oder gefiltert, wodurch um die Sonne farbige Erscheinungen auftreten. Wir haben ja gehört, daß das Sonnenlicht aus verschiedenen Bestandteilen besteht; wenn also bestimmte Farbstrahlen an solchen Teilchen hängen bleiben oder gebrochen werden, muß sich das Strahlungsbild der Sonne verändern.

Hierher gehört auch die interessante Erscheinung einer blauen Sonne im Herbst 1950, die fast in ganz Deutschland beobachtet werden konnte. Die Ursache lag in einem gewaltigen Waldbrand in Kanada, der ungefähr fünf Tage zurücklag und dessen Ruß- und Rauchteilchen — in große Höhen hinaufgewirbelt — mit den Luftbewegungen über den Nordteil des Atlantik nach Europa geführt wurden. Diese Trübungsteilchen brachten es mit sich, daß die roten und gelben Strahlen der Sonne herausgefiltert wurden und somit die blauen vorherrschten. Von Nordwesten kommend ging diese Erscheinung über Europa hinweg, so daß schon in der Nacht vorher in England und Dänemark der Mond eine bläuliche Färbung annahm. Auch die Schweiz kam noch in den Genuß dieser Erscheinung, aber dann war der Spuk zu Ende.

Kapitel 27: Sternschnuppen und Nordlichter

Eine andere Gruppe solcher nächtlicher Leuchterscheinungen in noch größeren Höhen, die unter dem Namen Leuchtstreifen laufen, werden wohl durch kosmischen Staub verursacht, der in die Erdatmosphäre eingedrungen ist.

So sind auch alle Sternschnuppen Vorgänge in unserer Lufthülle, wobei kosmische Teilchen in den Anziehungsbereich der Erde kommen und damit in der Lufthülle beim Herabstürzen aufglühen. Die schmalen Striche, die wir als Sternschnuppen beobachten, werden also von winzig kleinen Körperchen verursacht, deren Durchmesser nur wenige Millimeter beträgt. Diese Teilchen verglühen in der Luft in Höhen um 80 km restlos.

Die größeren Erscheinungen, die man als Meteore oder Feuerkugeln bezeichnet, können aber so groß sein, daß ihr Verdampfungsweg zur Erdoberfläche nicht reicht und sie als Boten aus dem Weltall zur Erde kommen; sie bestehen meist aus Nickeleisen. Oft kommt es auch vor dem Aufprall zu einem explosionsartigen Zerbersten der größeren Stücke. Der Glühweg der Meteore durch die Luft ist stets eine sehr auffallende helle Lichterscheinung am nächtlichen Himmel. Er kann sogar tagsüber wahrgenommen werden.

Wer sich im besonderen für diese Vorgänge interessiert und über die Herkunft der Meteore oder über die großen Einschlagskrater Näheres wissen möchte, greife zur astronomischen Fachliteratur. Jedenfalls würden diese kosmischen Trümmer nicht aufleuchten, wenn die Erde keine Lufthülle hätte. Es sei also hervorgehoben, daß alle Sternschnuppenerscheinungen sich nicht in der Weite des gestirnten Himmels, sondern sehr nahe über uns in der Atmosphäre abspielen.

Noch ein anderer Leuchtvorgang sei hier erwähnt: die merkwürdigen, manchmal strahlenförmigen, manchmal band- oder faltenartigen Nord- oder Polarlichter in Höhen zwischen 100 und 500 km. Während diese Erscheinungen in den polaren Zonen unserer Erde sehr häufig sind, beobachten wir sie in unseren Breiten nur in den Zeiten starker Sonnenfleckentätigkeit.

Man weiß schon seit langem, daß die Sonne rund alle 11 Jahre besonders viele und große Flecken zeigt, aber erst durch die Atomtheorie, daß von dort aus der planetare Raum mit Wasserstoffkernen und negativ elektrisch geladenen Teilchen beschossen wird. Da diese Teilchen auch die Erde treffen und — durch das Magnetfeld der Erde bedingt — vorwiegend an den magnetischen Polen tiefer in die Lufthülle eindringen, kommt es zu diesen Leuchterscheinungen, bei denen der Wasserstoff unserer Luft mit eine Rolle spielt. Mit großen Sonnenflecken — wie sie in den Jahren 1947 bis 1949 sowie 1957 bis 1959 auftraten — sind nicht nur prächtige Nordlichterscheinungen verbunden, sondern stets auch Störungen des Rundfunkempfangs — vorwiegend im Kurzwellenbereich.

Meist sind die Polarlichter rötlich, oft sogar purpurrot, wechseln manchmal in Sekundenschnelle, können aber auch stundenlang beobachtet werden. Wie oft schon sind dadurch die Feuerwehren irrtümlicherweise ausgerückt!

Der Vollständigkeit halber sei erwähnt, daß das sogenannte Tierkreislicht nicht in die Gruppe der atmosphärischen Erscheinungen gehört, da es seinen Sitz in weit größeren Entfernungen von der Erde im planetaren Raum hat. Und nicht unerwähnt wollen wir lassen, daß viele der „Unbekannten Flugobjekte“ mit einer der in diesen Kapiteln beschriebenen Erscheinungen identifiziert werden können.

VII. Abschnitt: Allerlei Wetterregeln und Wetterpropheten

Kapitel 28: Vom hundertjährigen Kalender

Es ist ein alter Wunschtraum der Menschheit, Wetterregeln zu finden, nach denen das kommende Wetter sich leicht voraussagen läßt; denn solange die Menschen Wetter beobachten, versuchen sie aus allen möglichen Anzeichen in der Natur Zusammenhänge mit dem Wetter abzuleiten. Jeder von uns kennt wahrscheinlich eine große Zahl solcher Regeln, die er von irgendwoher weiß, sicherlich aber nicht in der Schule gelernt oder aus wissenschaftlichen Büchern entnommen hat.

Es wäre sehr wünschenswert, wenn wir über den kommenden Verlauf des Wetters einen so genauen Voraussagekalender errechnen könnten, wie dies am gestirnten Himmel bei astronomischen Ereignissen möglich ist — seien es Sonnenauf- und -untergänge, Mondphasen oder Planetenstellungen und Finsternisse. Aber jeder, der sich schon etwas eingehender mit dem Wetter beschäftigt oder Bücher über das Wetter gelesen hat, weiß, daß das Wettergeschehen viel zu kompliziert und auf weite Sicht viel zu schwierig vorauszusagen ist, als daß es mit einer einfachen Regel oder in einer kurzen Rechnung genau im voraus für einen bestimmten Ort festzulegen wäre.

Der interessanteste Voraussagekalender ist zweifelsohne der sogenannte „100jährige", der auch heute noch in fast allen Bauern- und Heimatkalendern zu finden ist. Wir wollen hier die bis ins einzelne bekannte Entstehungsgeschichte kurz aufzeichnen — danach mag der Leser selbst entscheiden, ob er sich künftig dem 100jährigen Kalender anvertrauen will oder nicht.

Wir müssen bis an den Ausgang des Dreißigjährigen Krieges zurückgehen, also rund 300 Jahre. Damals lebte im Kloster Langheim der Abt Mauritius Knauer. Langheim liegt im nördlichsten Oberfranken; von dort aus wurde das berühmte „Vierzehnheiligen" gegründet; heute besteht Langheim als Kloster nicht mehr. Abt Knauer war verständlicherweise nach den Wirren des Dreißigjährigen Krieges sehr stark mit der wirtschaftlichen Führung seines Klosters beschäftigt; da er sich vor Mißernten schützen wollte, beobachtete er recht eingehend das Wetter.

Er wollte hinter die Gesetzmäßigkeiten im Wetterablauf kommen und legte sich zu diesem Zweck ein Tagebuch an, in das er — ganz ohne instrumentelle Unterstützung — das hineinschrieb, was er täglich beobachtete. Also zum Beispiel: „Morgens bewölkt, mittags sonnig, am Nachmittag wieder Wolken und abends Wind und Regen". Er ging bei dem Suchen nach Wetterregeln allerdings von einer irrigen Annahme aus, die für die damalige Zeit nicht verwunderlich war: Man glaubte an den direkten Einfluß der hellen, bewegten Gestirne auf das Wetter.

Zunächst sind dies die mit freiem Auge sichtbaren Planeten: Merkur, Venus, Mars, Jupiter und Saturn; die übrigen, Uranus, Neptun und Pluto, waren damals noch nicht entdeckt. Um die heilige Zahl Sieben voll zu machen, nahm man zu den fünf Planeten die Sonne und den Mond dazu, denn auch sie sind helle, unter dem Fixsternhimmel sich bewegende Gestirne. Daß im physikalischen Aufbau zwischen Sonne, Mond und Planeten ein wesentlicher Unterschied besteht, konnten die Wetterbeobachter zu dieser Zeit nicht wissen. Man glaubte, jedes Jahr würde in seinem Wetterablauf von einem dieser Gestirne gesteuert und zeige damit einen besonderen Wettercharakter — zum Beispiel sollte das Marsjahr ein warmes und trokkenes Jahr sein.

Demnach sollte also der Wetterablauf jeweils nach sieben Jahren wieder von vorne beginnen. Indessen — würde sich tatsächlich das Wetter nach einer bestimmten Zahl von Jahren wiederholen, so hätten wir das zumindest im 20. Jahrhundert längst erkannt und wahrscheinlich freudigst zur Wettervoraussage benützt.

Knauer beobachtete von 1652 bis 1658, und als die sieben Jahre um waren und das achte begann, merkte er sofort, daß das Wetter nicht dasselbe war wie das, das er vor sieben Jahren beobachtet hatte — das Wetter verläuft eben keineswegs nach den Planetenerscheinungen. Er schloß daraufhin sein Tagebuch ab, entdeckte aber in

---

Tafel VI. *Herbststimmung über der Schwäbischen Alb. Tiefe, kleine Haufenwolken und hohe Federwolken, die wie Schneefahnen von starkem Höhenwind getrieben und zerzaust werden. Es bleibt vorläufig Schönwetter.*

seinen Aufzeichnungen im Jahreslauf wiederkehrende Wetterlagen und gab für benachbarte Klöster wirtschaftliche Wetterratschläge heraus. Im ganzen betrachtet, waren diese Aufzeichnungen die ersten überhaupt verläßlichen meteorologischen Registrierungen, die auch heute noch klimatologisch ausgewertet werden können.

Nun aber kam erst das Verhängnis: Eine der Abschriften der KNAUER'schen Aufzeichnungen kam in die Hände des Arztes HELLWIG aus Erfurt, der sich ganz der Astrologie, also der Sterndeuterei, verschrieben hatte. Dieser gab für die Jahre 1701 bis 1800 einen 100jährigen astrologischen Kalender heraus, in dem alle Gestirnsstellungen und ihre angeblichen Bedeutungen für das menschliche Leben enthalten waren. HELLWIG kam nun auf den unglückseligen Gedanken — wahrscheinlich, um seinem Kalender einen besseren Absatz zu sichern — die Wetterbeobachtungen des Abtes KNAUER als Voraussage in seinen Kalender aufzunehmen. Und so geschah das Ungeheuerliche: Das Wetter, das rund 50 Jahre vorher einmal in Langheim beobachtet wurde, sollte nun mit den astrologischen Prognosen des 100jährigen Kalenders ab 1701 wiederkehren. Es wäre genauso, wie wenn wir vom heutigen Wetter Aufzeichnungen machen und behaupten würden, dieses soeben beobachtete Wetter würde im Jahre 2001 wiederkehren. Aber das Wetter, das war, kommt nicht wieder — unwillkürlich wird man an das Wasser erinnert, das den Bach nicht wieder heraufkommt!

Der Leser wird bemerkt haben, daß es sich in den Wetteraufzeichnungen des Abtes KNAUER nur um sieben Jahre gehandelt hat, wogegen HELLWIG einen Kalender für 100 Jahre herausgab. So kam es, daß die KNAUER'schen Beobachtungen nach den Gestirnstellungen von HELLWIG so oft wiederholt wurden, bis die Zahl 100 voll war. Es liegt also keineswegs eine Wetterbeobachtung von 100 Jahren vor oder der Gedanke zugrunde, daß jeweils nach 100 Jahren das Wetter sich wiederhole. Erwähnen müssen wir auch, daß KNAUER — wahrscheinlich durch Krankheit — des öfteren sein Tagebuch gar nicht geführt hat, manchmal sogar über mehrere Tage; HELLWIG störte dies aber gar nicht: er ergänzte die fehlenden Beobachtungen nach eigenen Gutdünken! Dazu kommen Schalttag- und Abschreibefehler, so daß das Ganze nichts weiter als ein sinnloses Kuriosum darstellt.

Der Leser sei nun aber auf das Wesentliche aufmerksam gemacht. Die Beobachtungen KNAUERS erfolgten in Oberfranken — der 100jährige Kalender wird aber nicht nur in Oberfranken gelesen, sondern in Nord- und Westdeutschland genauso wie in Süd- und Ostdeutschland, ja sogar in Übersetzungen in ganz Europa herumgereicht. Wollen wir wirklich in der Mitte des 20. Jahrhunderts noch glauben, daß das Wetter — vom Stand der Venus abhängig — in ganz Deutschland oder gar ganz Europa einheitlich verlaufe?

Auch wenn den Anhängern des 100jährigen Kalenders alle Gegenargumente vor Augen geführt werden, behaupten sie doch immer wieder, da und dort hätten die Voraussagen des Kalenders gestimmt. Zweifelsohne wird der 100jährige Kalender recht haben, wenn er uns im April wetterwendisches Wetter, im Juni Gewitter und in den Wintermonaten Schnee prophezeit. Um solche Selbstverständlichkeiten vorauszusagen, benötigt man aber keinen besonderen Kalender. Sie sind im allgemeinen Jahreslauf bedingt und jedermann bekannt.

Der 100jährige Kalender *muß* sogar ab und zu stimmen, denn wenn er nie stimmen würde, könnte man einen entsprechenden Gegenkalender aufstellen! Eine Wetterregel, die nur ab und zu stimmt, hilft uns aber gar nichts, denn bekanntlich kann man im Wettergeschehen ganz wahllos Behauptungen aufstellen und man wird stets einen gewissen Prozentsatz von richtigen Treffern erzielen. Wenn wir zum Beispiel behaupten, daß es an einem bestimmten Platz in Deutschland „immer" am Donnerstag Nachmittag regne, so werden wir sicherlich mit dieser merkwürdigen Behauptung auch unsere richtigen Treffer erzielen, und zwar voraussichtlich mit einer Wahrscheinlichkeit von ungefähr 30 %. Denn in ungefähr einem Drittel aller Fälle wird die Sonne scheinen, in einem Drittel wird Bewölkung ohne Niederschlag herrschen und ein Drittel wird wahrscheinlich Niederschlag bringen. Sollte jemand an dieser Behauptung Gefallen haben und an die Richtigkeit einer solchen Regel glauben, dann wird er nur die richtigen Treffer beachten und nicht die vielen Fälle bemerken, in denen die Regel nicht stimmt.

Dem Leser kann nur empfohlen werden, einmal zwei oder drei Monate lang die Voraussagen des 100jährigen Kalenders regelmäßig zu verfolgen; sicherlich wird er feststellen, daß die Prophezeiungen viel häufiger falsch als richtig sind oder daß sie so gehalten sind, daß man sie nach Gutdünken ausdeuten kann.

Einige Beispiele mögen dies noch erhärten: Für die Sommer 1947 und 1949, die sich in Deutschland vorwiegend durch Wärme und Trockenheit auszeichneten, prophezeite der 100jährige Kalender wiederholt Niederschläge. Das Jahr 1953 brachte in Deutschland einen verregneten Sommer vom Juni bis spät in den August hinein — beim 100jährigen Kalender war es ein Marsjahr mit Trockenheit, Dürre und großer Hitze. Für den Februar 1956, der vom 1. bis 29. durch den ganzen Monat hindurch durchschnittlich 15 bis 20 Grad Kälte brachte, wurde Tauwetter und Schneematsch vorausgesagt. Für den 5. Juli 1958 hieß es im 100jährigen Kalender „einzelne Schneefälle mit anschließendem Frost". Der Tag brachte im süddeutschen Raum einen Schneefall von 40—50 cm, der fast den gesamten Verkehr lahmlegte, mit anschließendem Tauwetter. Diese Gegenbeispiele können beliebig fortgesetzt werden.

Die große Chance des 100jährigen Kalenders liegt natürlich darin, daß er in ganz Deutschland gelesen wird; wenn er für einen bestimmten Tag Regen ankündigt, so werden mit großer Wahrscheinlichkeit an diesem Tag irgendwo in Deutschland einige Regentropfen fallen, und wenn er für einen bestimmten Tag Sonnenschein prophezeit, so wird auch sicherlich irgendwo in Deutschland die Sonne durchs Gewölk schauen.

Kapitel 29: Der Mond und das Wetter

Die Frage, ob der Mond in das Wettergeschehen eingreift, müssen wir etwas ernsthafter überlegen als das Problem des 100jährigen Kalenders. Wenn man sich auch nicht vorstellen kann, daß das Licht des Mondes unser Wetter beeinflußt, so könnte man doch geneigt sein, der Masse des Mondes eine solche Wirkung einzuräumen. Wir wissen, daß Flut und Ebbe durch die Anziehungskraft vorwiegend des Mondes entstehen, wobei allerdings durch die oft 8 bis 10 m hohen Flutwellen an den Küsten die Kraft des Mondes meist überschätzt wird. Der Höhenunterschied zwischen Flut und Ebbe auf dem freien Meer beträgt höchstens 30 cm. Die hohen Flutwellen, wie sie zum Beispiel in Westfrankreich, vor allem in der Bretagne beobachtet werden, entstehen lediglich durch das Aufstauen der anlaufenden Flut in trichterförmigen Flußmündungen und Buchten.

Jedenfalls ist der Gedanke nicht von der Hand zu weisen, daß eine entsprechende Gezeitenwirkung durch den Mond auch im Luftozean hervorgerufen werden könnte. Sehr häufig hört man die Schlußfolgerung: Wenn der Mond in der Lage ist, das schwere Wasser zu beeinflussen und zu bewegen, so muß dies bei der wesentlich leichteren Luft erst recht möglich sein. Dies aber ist ein Trugschluß! Ein Beispiel soll uns wieder helfen: Wenn ein leerer Lieferwagen mit einer Geschwindigkeit von 30 km in der Stunde gegen eine Hauswand fährt, so wird es lediglich einige Schrammen und Kratzer an Wagen und Hauswand geben. Wenn aber ein Fernlastwagen mit Anhänger, vollgepackt mit schwerem Material, mit derselben Geschwindigkeit gegen dieselbe Hauswand fährt, so wird er diese — wie leider schon so oft geschehen — vollständig eindrücken.

Wir sehen: je mehr Masse im Spiel, desto größer die Wirkung und umgekehrt: je weniger Masse, umso geringer ist die Auswirkung. Somit müssen wir unsere vorherige Schlußfolgerung — den Mond betreffend — berichtigen und sagen: Der Mond kann an den leichteren Massen der Luft bei weitem nicht so anpacken wie an den schweren Massen des Meeres, so daß also die Gezeitenwirkung im Luftozean wesentlich geringer ist als die im Wasserozean. Man kann genau ausrechnen, was im äußersten Fall bei Luftdruck und Temperatur an Unterschieden während der verschiedenen Mondphasen sich ergibt.

Diese Beträge sind aber so verschwindend gering, daß sie im Wettergeschehen keine Rolle spielen. Wenn in einem Raum in einer Ecke ein großer Ofen und in der anderen Ecke eine kleine Stearinkerze brennt, so werden wir selbst in unmittelbarer Nähe der Kerze viel mehr von der Wärme des Ofens als von der der Kerze verspüren. Und dieser Ofen ist für uns die Sonne.

Die eben erwähnten Berechnungen sind wohl recht interessant, letzten Endes aber mathematische Spielereien, die der Meteorologe keineswegs bei seinen Voraussagen berücksichtigen kann. Man kann das Problem hin- und her überlegen — es ist bis auf den heutigen Tag nicht gelungen, einen Einfluß des Mondes auf das Wetter nachzuweisen, und doch wird immer wieder behauptet, das Wettergeschehen gehe mit den Mondphasen. Im allgemeinen lautet die Regel: Bei zunehmendem Mond sei das Wetter schön, bei Vollmond wechsle es, bei abnehmendem Mond sei regnerisches Wetter und bei Neumond wechsle es abermals. Vor allem die Ansicht, das Wetter wechsle bei Vollmond von Schönwetter zu Regenwetter, ist weit verbreitet.

Immer wieder wird von „Mondgläubigen" in die Waagschale geworfen: Wenn auch die Wissenschaftler keinen Beweis dafür haben, die Erfahrung zeigt doch deutlich, daß das Wetter mit dem Mond geht. Mit solchen Behauptungen und Diskussionen am Biertisch ist das Problem aber nicht zu lösen — viel einträglicher dagegen wäre es für den Interessierten, tatsächlich einmal das Wettergeschehen mit dem Mondlauf über zwei oder drei Monate regelmäßig zu verfolgen: dann wäre sicherlich ein jeder von der Mondtheorie geheilt.

Letzten Endes verhält es sich genau wie im letzten Kapitel: Die Menschen bemerken die Treffer der Regel, während sie das Nichteintreffen nicht beachten oder nicht wahrhaben wollen! Wenn in einem Jahr vielleicht zweimal das Wetter deutlich bei Vollmond gewechselt hat, so ist dies kein Beweis für die Mondtheorie, sondern ein Gegenbeweis, weil dann zehnmal die Theorie nicht gestimmt hat. Den Neumond wollen wir bei diesen Betrachtungen ausschließen, weil er als nicht sichtbar überhaupt nur dem zu Bewußtsein kommt, der die Neumondstellung aus einem Kalender ersieht.

Es wirkt belustigend, wenn behauptet wird, der Neumond sei deshalb nicht sichtbar, weil er stets durch Wolken und Regen verdeckt werde. Der Neumond ist nie sichtbar — es sei denn bei einer Sonnenfinsternis.

Der Kraft des Vollmondes wird oft auch ein Wetterwechsel ein oder zwei Tage vor oder nach Vollmond zugeschrieben, so daß also die Möglichkeit eines Wetterwechsels durch den Vollmond fünf Tage lang gegeben ist! Dabei gehören fünf Tage ohne jeglichen Wetterwechsel in unseren Breiten schon zu den Seltenheiten. Dazu muß bemerkt werden, daß es nicht nur an Vollmond Wetterwechsel gibt, sondern zwischen den Mondphasen noch viel häufiger — doch dies wird nicht beachtet. Erinnern wir uns wieder an die trockenen Sommer um das Jahr 1950: Wie oft hätte nach der Mondtheorie an Vollmond — oder Neumond — das Wetter wechseln und Niederschlag erfolgen müssen! Aber die Trockenheit hielt an und kümmerte sich nicht im geringsten darum, ob der Mond im Zunehmen oder Abnehmen war. Auch brachte der Vollmond in den Sommermonaten 1959 in weiten Gebieten Deutschlands keineswegs den ersehnten Wetterumschlag mit Regen, das heißt in Oberbayern und Tirol regnete es nach Vollmond, zum Teil sogar sehr kräftig — vor Vollmond aber auch schon! An den Februar 1956 sei nochmals erinnert, wo eine Kälteperiode einen ganzen Monat lang trotz zweimaligen Mondwechsels anhielt.

Es ist nun sogar leicht erklärlich, wie es überhaupt zu dieser Mondwetterregel gekommen ist, die allerdings nur in unseren Breiten durch das häufige Wechseln des Wetters hat entstehen können. Es liegt wieder einmal am richtigen bzw. falschen Beobachten! Wenn wir am Abend den Mond sehen, so wird dies stets der zunehmende Mond im Westen oder Südwesten sein. Wir können aber den Mond nur sehen, wenn schönes Wetter ist, denn bei totaler Bewölkung oder Regenwetter steht der Mond für uns unsichtbar dahinter. Bei der Mondwetterregel wird sichtlich Ursache und Wirkung verwechselt, denn es ist nicht schönes Wetter, weil der Mond am Himmel steht, sondern man kann ihn sehen, wenn keine oder nur wenige Wolken vorhanden sind. Wie oft schon stand der zunehmende Mond am Himmel und wir sahen ihn nicht, weil er sich hinter den Wolken verbarg oder weil es Bindfaden regnete. Dann spricht aber niemand davon, daß die Regel nicht stimme!

Immer wieder wird auch behauptet, der Mond bringe im Winter um die Vollmondszeit Kälte mit. Natürlich wird man im Winter Frost beobachten, wenn der Mond am Himmel steht, denn wenn der Mond scheint, ist es klar und wir bekommen eine Strahlungsnacht: die Erde gibt das bißchen Wärme, das sie an einem Wintertag erhalten hat, sehr rasch wieder ab und die Ausstrahlung, vor allem bei einer geschlossenen Schneedecke, ist besonders stark.

Eine Frostnacht wird bei jedem klaren Wetter im Winter bei Schneelage eintreten, ob der Mond am Himmel steht oder nicht. Es ist nur zu verständlich, daß den Menschen in einer „klirrenden" Winternacht der Vollmond durch die helle Beleuchtung sehr stark zum Bewußtsein kommt, denn der Vollmond steht im Winter viel höher als im Sommer und eine Vollmondnacht im Winter ist wesentlich länger.

Den abnehmenden Mond bringt man mit Regenwetter in Verbindung, weil er angeblich deshalb nicht zu sehen wäre. Dies ist wiederum ein Irrtum, denn der abnehmende Mond ist vorwiegend eine Angelegenheit der zweiten Nachthälfte; wer entsprechende Beobachtungen anstellt, wird den abnehmenden Mond am Morgenhimmel genau so oft sehen können wie den zunehmenden Mond am Abendhimmel. Wie oft schon stand der abnehmende Mond am Morgen oder frühen Vormittag bei schönstem Wetter am Himmel und wir haben ihn nicht wahrgenommen.

Und vergessen wir nicht: Die Erde hat nur einen Mond — von den künstlichen Satelliten abgesehen! Wenn also Vollmond ist, dann scheint der Vollmond in Paris und Berlin genau wie in Rom oder Oslo. Ja sogar auf der ganzen Erde ist zur gleichen Zeit Vollmond

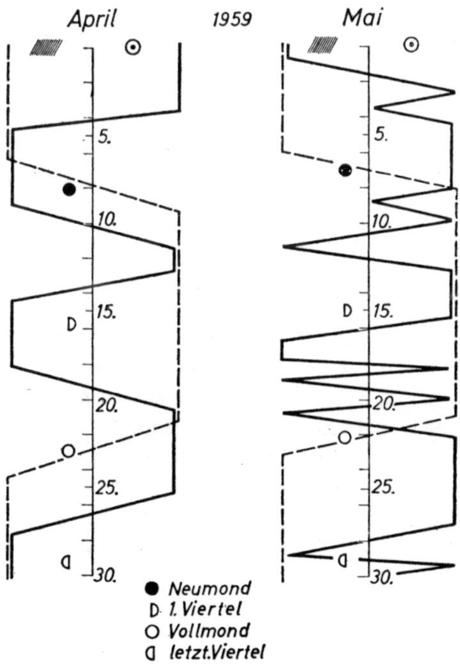

Zeichnung 18
Das „Mondwetter" in Theorie und Praxis

und sichtbar für alle, bei denen der Mond über dem Horizont steht. Wenn dann also das Wetter wechseln würde, müßte dies entsprechend den einzelnen Klimalagen doch irgendwie systematisch auf der ganzen Erde bemerkbar sein, und dies ist nie und nimmer festgestellt worden.

Um den wahren Sachverhalt noch etwas deutlicher zu machen, möge der Leser die beiden Tabellen der Zeichnung 18 betrachten, die über den Wetterverlauf in Bezug auf die Mondphasen im April und Mai 1959 Aufschluß geben. Die beiden Monate sind in der Mitte geteilt: Auf der linken Seite wird Regenwetter, auf der rechten Seite schönes Wetter dargestellt. Der Monat verläuft von oben nach unten mit den entsprechenden Mondphasen. Die gestrichelten Linien geben den Gang des Wetters an, wie es nach der Mondtheorie verlaufen müßte, die ausgezogenen Linien das Wetter, wie es tatsächlich in Stuttgart verlief. Die gestrichelte Linie der Theorie verläuft also bei zunehmendem Mond im schönen Wetter und wechselt bei Vollmond auf die Seite des Regenwetters, wogegen die Praxis fast genau das Gegenteil zeigt: bei Vollmond und Neumond kein charakteristischer Wetterwechsel, dagegen vor allem im Mai ein sehr häufiges Wechseln des Wetters bei allen Mondphasen und in beiden Monaten bei zunehmendem Mond Regenwetter, wo es nach der Regel hätte schön sein sollen!

Zusammenfassend sei gesagt: Weder aus theoretischen Überlegungen noch aus praktischen Beobachtungen heraus läßt sich auch nur der geringste Anhalt dafür finden, daß der Mond in unser Wettergeschehen eingreift. Die wirklichen Ursachen der Wetterveränderungen haben wir in den Kapiteln über die Luftmassenbewegungen ausführlich behandelt, wobei wir sicher nicht auf die Idee gekommen sind, daß die Fronten sich nach dem Mond richten. Wer immer noch nicht von der Theorie des Mondeinflusses geheilt ist, möge doch den oben gegebenen Rat befolgen, Mond und Wetterlauf miteinander zu vergleichen, dann aber nicht nach einzelnen Treffern zu suchen, sondern das Ganze zu betrachten. Das Ziel, den Mond als Wettermacher zu entthronen, wird am schnellsten erreicht, wenn zwei Beobachter — einer in Nord- und einer in Süddeutschland — ihre Feststellungen miteinander vergleichen.

Bei allen prophetischen Dingen und beim Suchen nach Regeln spielt die Verallgemeinerung eine große Rolle. Der Mensch ist stets geneigt, aus nur zwei gleichen oder ähnlichen Beobachtungen sofort ein Gesetz, eine Regel oder eine allgemeine Behauptung aufzustellen. Jeder mag sich selbst prüfen, wenn er zufällig zweimal — je an einem Freitag — sich irgendwo den Kopf anstößt: welche abergläubische Regel folgert er daraus? Vor diesen falschen Verallgemeinerungen müssen wir uns ganz besonders beim Betrachten der Wettervorgänge hüten.

Kapitel 30: Die Tiere und das Wetter

Bei den mannigfachen Wetterregeln spielen die Regeln, wonach man aus dem Verhalten der Tiere auf das kommende Wetter schließen kann, eine große Rolle. Ohne Zweifel steht das Tier in viel unmittelbarerer Berührung mit den Wettervorgängen als der Mensch in seiner Kleidung und in seinen vier Wänden. Das Tier, das in der freien Natur dem Wetter ausgesetzt ist, lernt, sich darauf einzurichten. Es ist eine Selbstverständlichkeit, daß wir bei Sturm und starkem Regen keine Fliegen, keine Käfer, Schmetterlinge und Vögel in der Luft antreffen. Die Tiere suchen sich rechtzeitig einen Unterschlupf, da sie auch vor dem Niederschlag die Veränderung der Wetterelemente, vor allem die Zunahme der Luftfeuchtigkeit und das Aufkommen des Windes viel früher als der Mensch empfinden.

Es gibt eine große Zahl von Wetterregeln, die sehr brauchbare Schlüsse auf den Wetterverlauf der nächsten Stunden abgeben. Durchweg besteht aber die Tatsache, daß wir eine Wetteränderung, die wir aus dem Verhalten der Tiere ablesen, genausogut aus den Wolken und anderen Umständen ableiten können. Darüberhinaus empfiehlt es sich, die Regeln nachzuprüfen; wir werden uns davor hüten müssen, aus einigen Beobachtungen mit ähnlichem Verlauf ein Gesetz zu machen: ein Gesetz verlangt, daß es stets gültig ist. Bei allen diesen Wetterregeln werden wir bei regelmäßigem Beobachten feststellen, daß es stets Ausnahmen gibt, und zwar sehr viele!

Einige Beispiele mögen dies erläutern: Der Laubfrosch gilt wohl als der bekannteste und angeblich verläßlichste Wetterprophet. Sein Verhalten ist jedoch bei verschiedenem Wetter nichts anderes als die

Reaktion auf das Verhalten der Tiere, die er zu seiner Nahrung benötigt. Wenn wir schönes Wetter mit nur geringen Winden haben, so werden Mücken und Fliegen in großer Zahl in der Luft zu finden sein. Sicherlich haben wir schon bemerkt, daß vor einem Wetterumschlag diese Tiere sich in Wohnungen und Ställe zurückziehen, und zwar einfach deshalb, weil die Zunahme des Windes und die Erhöhung der Luftfeuchtigkeit den Tieren mit ihren feinen Flugwerkzeugen unsympathisch ist und sie deshalb trockene und windgeschützte Räume aufsuchen. Wenn in einem Raum auffallend viele und träge Fliegen sitzen, so können wir mit großer Wahrscheinlichkeit auf einen Wetterumschlag schließen. Wollen wir sie vertreiben, brauchen wir nur Türen und Fenster zu öffnen und einen entsprechenden Luftzug herzustellen.

Wenn somit bei regnerischem und windigem Wetter das Kleingetier der Luft nicht fliegt, sondern draußen im Gelände unter Blättern sich verkriecht, „weiß“ der Laubfrosch, wo er seine Nahrung finden kann. Er hat es also in diesem Fall gar nicht nötig, in Bäume und Sträucher hochzusteigen. Bei schönem Wetter aber tummeln sich die Mücken und Fliegen in der Luft, und da dann am Boden für den Laubfrosch nichts zu finden ist, wird er gezwungen, höher zu steigen. Und daraus können wir dann tatsächlich den Schluß auf schönes Wetter ziehen.

Er steigt also nicht hinauf und hinunter, um das Wetter anzuzeigen, sondern aus rein verpflegungstechnischen Gründen. Setzen wir ein solches Fröschlein in ein Einmachglas, dann steigt es nicht die Leiter hinauf, um schönes Wetter anzukünden, sondern um die Fliegen zu schnappen, die wir ihm von oben durch ein Loch hineinreichen. Der Laubfrosch wird also in der Gefangenschaft sich sehr bald anders verhalten als draußen in der Freiheit.

Ganz ähnlich verhält es sich mit den Schwalben. Wir sagen: Es bleibt schönes Wetter, wenn die Schwalben hoch fliegen und es wird zum Regnen kommen, wenn sie tief fliegen. Im Großen und Ganzen mag diese Beobachtung stimmen. Aber auch die Schwalben haben keinen sechsten Sinn oder sind dazu ausersehen, als Wetterpropheten zu amtieren, sondern sie sind genötigt, zur Aufzucht ihrer Jungen das Kleingetier aus der Luft zu fangen. Und aus dem Verhalten der Fliegen ergibt sich das Verhalten der Schwalben. Wenn sie in den Höhen keine Nahrung finden, werden sie tief zwischen den windgeschützten

Häusern und Stallungen fliegen, weil sich dann dort auch vor dem Regen in der relativ noch trockenen Luft die Fliegen aufhalten. Wenn wir beobachten, daß vor einem Wetterumschlag oder vor einem aufkommenden Gewitter die Schwalben tief fliegen, so wird uns aber — wie oben schon angedeutet — die Beobachtung der entsprechenden Wolkenbilder längst dasselbe gesagt haben. Und daß die Schwalbenregel häufig auch nicht zutrifft, mag der Leser am besten selbst überprüfen. Der Verfasser hat wiederholt beobachtet, daß Schwalben ausgesprochen tief geflogen sind, ohne daß in den darauf folgenden Tagen ein Wetterumschlag erfolgt wäre, und weiter, daß Schwalben noch kurz vor Ausbruch eines Hagelwetters und sogar während eines Gewitters sehr hoch geflogen sind.

Ganz besonders kritisch müssen wir aber die langfristigen Wetterregeln prüfen und uns davor hüten, den Tieren einen sechsten Sinn zuzudiktieren und zu behaupten, daß sie auf weite Sicht voraussagen könnten, wie der nächste Winter oder der nächste Sommer wird. Gerade den Schwalben wird immer wieder nachgesagt, daß die Zeit ihres Abfluges nach Süden im Herbst als Voraussage für den kommenden Winter benützt werden kann. Die Regel lautet: Ziehen die Schwalben früh ab, gibt es einen strengen Winter und ziehen die Schwalben spät ab, gibt es einen milden Winter. Eine genaue Prüfung dieser Regel gibt eindeutig darüber Aufschluß, daß auf die Treffer genausoviele Nichttreffer kommen.

Die Schwalben ziehen fort, wenn sie fliegen können, das heißt wenn die junge Brut flügge und auf den großen Flug vorbereitet ist. Natürlich können hierbei die Wetterverhältnisse des zurückliegenden Sommers eine Rolle spielen und diese wiederum können im Zusammenhang mit dem kommenden Wetter stehen. Sehr häufig wird aber beobachet, daß die Schwalben nicht alle zusammen starten, sondern deutlich in zwei Gruppen, meist eine frühere im September, eine spätere im Oktober. Im Oktober sind es dann vorwiegend die Jungschwalben, die aus der letzten Brut des zurückliegenden Sommers stammen. Im übrigen bevorzugen sie sehr gern die hellen Mondnächte, so daß sich der Vogelzug sehr stark nach dem Mondkalender des Herbstes richtet.

Wenn die Schwalben in der Lage wären, den kommenden Wintereinbruch genau vorauszuahnen, so wären bestimmt solche Vogelzugkatastrophen nicht möglich, wie sie in den vergangenen Jahrzehnten beobachtet wurden. Bei dem frühen und starken Frosteinbruch des Winters 1931/32 sind die Schwalben viel zu spät abgeflogen und wurden überall in Österreich, zum Teil in den Straßen Wiens, wo sie sich zu Klumpen zusammengeballt hatten, fast erstarrt aufgefunden. Es ist vor allem dem Bund für Vogelschutz zu danken, daß damals beinahe 90000 Schwalben in Eisenbahnwaggons und Flugzeugen über die Alpen nach Süden transportiert wurden. Dieselbe Katastrophe trat im Herbst 1936 ein, als in Süddeutschland und in der Schweiz ähnliche Erscheinungen beobachtet wurden; auch hier mußte der Mensch als Retter für die Tierwelt eingreifen.

Genauso ist bekannt, daß immer wieder die Zugvögel im Frühjahr in den europäischen Nachwinter hineinfliegen und oft zu Tausenden umkommen. Wenn die Tiere eine Wetterahnung hätten, dann müßten sie doch wissen, daß der Winter noch nicht vorbei ist und müßten dementsprechend ihren Rückflug nach Europa später antreten.

Auch müßten die Vögel, die früher gezogen sind und durch milde Winter veranlaßt wurden, in Europa zu bleiben, vor einem strengen Winter wieder abfliegen. Sie tun dies aber nicht, wie der Tod vieler Vögel — unter anderem Goldammern — in strengen Frostnächten beweist. Wenn im Winter bestimmte Vögel, wie zum Beispiel die Krähen, in großen Scharen auftreten, so ist dies ein Zeichen, daß sie in den gewohnten Gebieten durch Schnee und Frost keine Nahrung mehr fanden und somit weitergezogen sind. Wir sehen also zusammenfassend, daß die Tiere auf die Wettervorgänge reagieren, daß sie aber auf weite Sicht das Wetter nicht vorausahnen oder voraussagen können.

Wer an die Wetterzusammenhänge mit der Länge der Rettichschwänze und der Bodentiefe der Maikäferengerlinge glaubt, möge dies doch ebenfalls selbst einmal nachprüfen. Im Januar 1956 waren nachweislich, da bis dahin ausgesprochen milde Wintertemperaturen zu verzeichnen waren, die Engerlinge im ganzen württembergischen Raum nur wenige Zentimeter tief knapp unter der Erdoberfläche; trotzdem gab es im anschließenden Februar die berüchtigte Frostwetterlage, die vier Wochen lang Temperaturen von rund minus 20 Grad Celsius brachte. Daß die Tiere beim Einbruch der Kälte entsprechend reagieren, ist ganz natürlich: wenn wir im Oktober starken

Frost bekommen, wird die gesamte Tierwelt Schutz suchen. Ob aber nach einem kalten Oktober sofort auch ein strenger Winter kommt, mag dahingestellt sein. Es kann sein, dann stimmen die Regeln, es kann aber auch nicht sein, dann stimmen die Regeln eben nicht. In diesem Zusammenhang muß auch daß Aufwerfen der Maulwurfhaufen genannt werden.

Eine Wetterregel soll hier noch ausführlich geschildert werden: Man sagt, wenn die Bremsen im Sommer sehr stichfreudig seien, folge bald ein Gewitter. Mag auch diese Regel eine große Wahrscheinlichkeit haben, ich habe einwandfrei Ausnahmen beobachtet. Der wahre Zusammenhang dürfte auch bei dieser Regel ganz woanders zu suchen sein. Ein Gewitter wird nur entstehen, wenn es sehr warm und feucht ist, wenn wir also die Luft als sehr schwül empfinden. Wenn wir nun an einem solchen Sommertag arbeiten oder wandern, werden wir schnell und sehr stark in Schweiß geraten, weil die Luft nicht trocken genug ist, um das verdunstete Wasser aufzunehmen. Dieser Verdunstungsvorgang ist es nun, den die Bremsen sofort wittern und damit ihre Opfer wesentlich leichter finden als in trockener, kühler Luft. Wenn also die Bremsen stechen und es kommt ein Gewitter, so haben eigentlich nicht die Bremsen, sondern wir durch unsere Schwitzerei das Gewitter vorausgesagt.

Daß die Feuchte und das Verdunsten für den Anflug der Bremsen eine entscheidende Rolle spielen, weiß jeder, der schon im Freien gebadet hat. Kaum steigt man aus dem Wasser und der Körper beginnt die Nässe zu verdunsten, sind sofort die Bremsen da, auch bei kühlerem Wetter ohne Gewitterlage.

Ist aber unser Körper nach einiger Zeit wieder trocken — sei es durch die Luft oder durch Zuhilfenahme eines Handtuchs —, so werden wir bemerken, daß die Bremsen wieder verschwinden.

Wir müssen also bei allen Tierwetterregeln sehr vorsichtig sein, daß wir in die Tiere nicht mehr hineingeheimnissen als in Wirklichkeit da ist. Suchen wir nach den tatsächlichen Ursachen, werden wir feststellen, daß nicht das Tier als solches eine besondere Wetterfühligkeit hat, sondern daß stets ganz natürliche Zusammenhänge vorhanden sind, die durch den Zustand der Luft gegeben sind.

Es sei an dieser Stelle noch kurz auf die sogenannte Wetterfühligkeit der Menschen eingegangen. Es gibt sehr viele Menschen, die durch ein Gebrechen oder durch eine Bruch- oder Schußverletzung wetterfühlig geworden sind, das heißt sie bekommen vor einem Wetterumschlag unangenehme Schmerzen, aus denen mit großer Sicherheit auf eine Wetterveränderung geschlossen werden kann. Die Schmerzen treten dabei auf, wenn schönes Wetter zum Regenwetter umschlägt. Starker Luftdruckfall, vor allem aber die Zunahme der Luftfeuchtigkeit sowie auch elektrische Vorgänge spielen hierbei eine Rolle.

Darüberhinaus bringt die Hetze im täglichen Leben es mit sich, daß die Menschen der heutigen Zeit nervöser und damit wetterempfindsamer geworden sind. Der Mensch, der gesund ist und gute Nerven hat, wird die Schwankungen des Luftdrucks und der Luftfeuchtigkeit ohne besondere Reizbarkeit aushalten. Der für das letzte Problem interessierte Leser möge zur Fachliteratur greifen, da hier der Raum für Einzelheiten fehlt.

Kapitel 31: Bauernregeln und Lostage

Ältere Bauern und Schäfer, die uns vor einem Unwetter warnen oder für den nächsten Tag Regen voraussagen, werden mit großer Wahrscheinlichkeit recht behalten. Ihre Beobachtungen in der Natur fußen auf jahrelangen, praktischen Erfahrungen, denn ihr Beruf zwingt sie, sich dauernd mit den Wetterelementen auseinanderzusetzen. Auch die an Ort und Stelle entstandenen kurzfristigen Wetterregeln, die wir in jedem Dorf finden, werden zum größten Teil ihre Richtigkeit haben, sofern wir sie auch an Ort und Stelle anwenden. Eine bestimmte, örtliche Wetterregel, die beispielsweise im Thüringer Wald gilt, wird aber sicherlich in Oberbayern wertlos sein.

Wenn man von Bauernregeln spricht, denkt man aber meistens an die langfristigen, deren es eine große Zahl gibt. Natürlich liegen auch diesen Regeln bestimmte Beobachtungen zugrunde, die im Laufe von Jahrhunderten gewonnen wurden und deshalb auch unter Umständen stimmen können. Bei vielen Regeln ist aber im Laufe der Zeit so viel verändert worden, bzw. so viel Sinnentstellendes dazugekommen, daß man oft nicht mehr sagen kann, auf welcher Beobachtung eine Regel fußt und welchen Sinn sie überhaupt haben soll. Der Leser möge also Verständnis haben, wenn wir auch in diesem Kapitel sehr kritisch sind.

Eine der bekanntesten Bauernregeln wollen wir hier als charakteristisches Beispiel besprechen: „Ist der Mai kühl und naß, füllt's dem Bauer Scheun' und Faß". Das soll besagen, daß ein regnerischer und kühler Mai eine gute Ernte, sei es Getreide, Obst oder Wein, verspricht. Diese Beobachtung ist an sich begründet, denn wenn das Frühjahr kühl und regnerisch verläuft, wird der Boden die zum Wachsen und Reifen notwendige Feuchtigkeit bekommen; es wird sich dann auch kein monsunartiges Wetter für den Sommer einstellen, dafür aber eine vorwiegend warme, sommerliche Witterung herrschen, die dem Wachsen und Reifen wiederum zuträglich ist. Mag dies auch im Normalfall zurecht bestehen, so gibt es auch hier genügend Ausnahmen. Es wurde zum Beispiel schon beobachtet, daß der Mai kühl und naß war und durch andere Wetterumstände die Ernte doch schlecht ausgefallen ist. Oder es kann sein, daß ein Mai trocken und warm ist, der Juni dafür die notwendige Feuchte mitbringt und ein schöner Spätsommer ebenfalls eine gute Reifung und Ernte erreicht. Es wird auch vorkommen, daß in einem Jahr die Scheuern gut und die Fässer schlecht gefüllt sind oder umgekehrt.

Dazu muß noch gesagt werden, daß es zu den seltenen Fällen gehört, wenn ein Mai ausgesprochen kühl und naß oder nur warm und trocken verläuft. Am häufigsten ist es, daß ein Monat — wie in unserem Beispiel der Mai — sehr verschiedene Wetterlagen aufzuweisen hat, das heißt also Sonnenschein und Niederschlag, warme und kalte Tage, so daß es oft sehr schwierig sein wird, überhaupt zu entscheiden, zu welcher Art von Mai der betreffende dann gehört.

Als Beispiel für die Zusamenhänge zwischen Wetter und Wachstum sei der Spruch genannt:

„Kommt die Esche vor der Eiche — gibt es eine Bleiche,
kommt die Eiche vor der Esche — gibt es große Wäsche."

Das soll besagen: wenn im Frühjahr die Esche vor der Eiche treibt, folge ein trockener und im umgekehrten Fall ein regnerischer Sommer. Auch hier sind — durch die Großwetterlage und monsunartige Vorgänge zwischen Frühjahr und Sommer bedingt — Zusammenhänge, die je nach den im Frühjahr gegebenen Umständen in Temperatur und Feuchte die Bäume zu verschiedenen Zeiten treiben lassen. Daß auch bei dieser Regel genügend Ausnahmen vorhanden sind, braucht wohl nicht besonders erwähnt zu werden.

Eine interessante Angelegenheit sind die sogenannten Lostage, die, als Stichtag angesehen, nach einer bestimmten Zeit entsprechendes Wetter nach sich ziehen sollen.

Diese Lostage sind ebenfalls uralt und beruhen ursprünglich auf richtigen Beobachtungen in der Natur. Wir haben an verschiedenen Beispielen schon erkannt, wie eine bestimmte Wetterlage eine andere nach sich zieht. Bei den Lostagen, so wie sie heute gedeutet werden, liegt aber insofern eine einschneidende, viel zu genaue Begrenzung vor: das Wetter verläuft auf große Sicht sicherlich nicht nur nach einem bestimmten vorausgehenden Tag. Auch sind die Tage durch die Gregorianische Kalenderreform im Jahre 1582 aus ihrer ursprünglichen Lage verrückt worden; dazu kommen örtliche Verschiedenheiten und klimatologische Veränderungen im Laufe der Jahrhunderte, so daß man heute die Lostage nur noch unter einer sehr kritischen Lupe betrachten darf.

Einige Beispiele seien besprochen. Zunächst der Vinzenztag, der 22. Januar, der, wenn er schön verläuft, eine gute Ernte versprechen soll. Man kann aus einer Schönwetterlage Ende Januar — dabei kommt es sicherlich nicht gerade auf den 22. an — Schlüsse über den weiteren mutmaßlichen Witterungsverlauf ziehen; und man kann auch, allerdings sehr kompliziert, herausknobeln, warum dann eine gute Ernte — siehe kühler und feuchter Mai — zu erwarten sein wird. Aber daß dies der 22. Januar allein entscheiden würde, erscheint doch mehr als unwahrscheinlich.

Die Chancen für die Richtigkeit solcher Regeln liegen ziemlich genau bei 50%, und dies besagt bekanntlich im Wettergeschehen gar nichts; es bedeutet lediglich: die Regel kann genau so gut eintreffen wie auch nicht.

Alsdann sei der berühmte Siebenschläfertag, der 27. Juni, genannt. Die Regel besagt, wenn es an diesem Tag regne, regne es sieben

---

Tafel VII. *Wellenaufzug mit Eintrübung in der Nacht und Regen am folgenden Tag*

Wochen weiter. Wahrscheinlich haben wir alle schon bemerkt, daß es nie und nimmer sieben Wochen ohne Unterbrechung geregnet hat, selbst wenn es am 27. Juni von morgens bis in die Nacht ununterbrochen gegossen haben sollte.

Auch bei längeren Regenperioden, die sich im Juni oder Juli einspielen können, werden wir stets Regenunterbrechungen beobachten. Auch hier dürfen wir den Lostag niemals als genauen Stichtag für das nachfolgende Wetter betrachten, schon deshalb, weil in einem Schaltjahr sich der Tag sowieso verschiebt. Diesem Siebenschläfertag liegt indessen eine richtige Wetterbeobachtung zugrunde: regnerisches Wetter Ende Juni — der Bauer kann ein Lied davon singen, wenn er sein Heu trocken in die Scheune bringen will — zieht mit großer Wahrscheinlichkeit auch Regenwetter im Juli und sogar noch im August nach sich. Wir haben nämlich dann nichts anderes als die schon wiederholt genannte Monsunwetterlage.

Darüber hinaus kann man feststellen, daß es im Wetterverlauf ganz deutlich ein gewisses Beharrungsvermögen gibt. Wenn wir lange Zeit Trockenheit, also wenig Niederschlag haben, so dauert es auch meist lange Zeit, bis wir wieder in größere Luftmassenbewegungen und damit in größere Regengebiete gelangen. Und umgekehrt: Wenn sich über längere Zeit regnerisches Wetter eingestellt hat, dauert es entsprechend geraume Zeit, bis es wieder zu einer richtigen beständigen Schönwetterlage kommt. Mit anderen Worten: Wenn die Luftmassen, die letzten Endes der Träger unseres Wettergeschehens sind, eine bestimmte Bewegungsrichtung innehaben, so werden sie diese Richtung auch weiterhin bevorzugt beibehalten.

Wenn die Fronten mit ihren Regengebieten mehrere Male weit im Norden Deutschlands vorüberziehen, so daß also Süddeutschland keinen Niederschlag bekommt, so ist die Wahrscheinlichkeit, daß diese Wetterlage sich fortsetzt, sehr groß. Und im anderen Fall, wenn die Fronten ganz Deutschland überlaufen und von Nord bis Süd ergiebige Niederschläge mit sich bringen, so wird auch dieser Wettercharakter sicherlich über längere Zeit anhalten. Die Monsunlage ist ausgesprochen charakteristisch für dieses Beharrungsvermögen des Wetters. Wenn wir also Ende Juni — es muß nicht gerade der 27. sein — monsunartiges Regenwetter haben, so darf es uns nicht überraschen, wenn der Sommer weiterhin kühl und regnerisch verläuft.

Der Siebenschläfertag kann uns also nicht mehr sagen, als daß die zweite Junihälfte in gewissem Sinn entscheidet, welcher Wettercharakter in den folgenden Sommermonaten vorherrscht. Es kann am 27. Juni regnen und trotzdem ein schöner und trockener Sommer folgen, wie es das Jahr 1959 bewiesen hat; oder es kann am 27. Juni nicht regnen und dennoch folgt ein verregneter Juli.

Wir erwähnen noch die sogenannten Rauhnächte, die ähnlich wie die Lostage wetterbestimmend für das ganze kommende Jahr sein sollen. Nach dieser Regel soll sich der Wettercharakter der 12 Monate nach dem Wetter der 12 Tage vom 25. Dezember bis 6. Januar richten. Wie hier im Wettergeschehen spielen diese Rauhnächte im Aberglauben verschiedentlich eine Rolle. In Oberfranken wird man heute noch kaum eine Hausfrau finden, die in diesen Tagen Wäsche hält. Es genügt hier, festzustellen, daß dieser Regel jegliche meteorologische Grundlage fehlt. Ebenso sinnlos sind Wettersprüche von der Form: „Wie der Freitag am Schwanz, so der Sonntag ganz", denn man könnte solche Sprüche genau so oft auf zwei beliebige andere Wochentage anwenden.

Kapitel 32: Die Eisheiligen und der Altweibersommer

Jedermann kennt den merkwürdigen Wettervorgang, daß es im Mai — obwohl dieser Monat sich als Wonnemonat bezeichnet — sehr kalte Tage gibt, unter Umständen mit strengen Frostnächten. Man nennt sie die „Eisheiligen", weil es meist „eisige" Tage sind, an denen die Heiligen Pankratius, Servatius und Bonifatius ihren Namenstag begehen. Es sind dies die Tage vom 12. bis 14. Mai, dazu kommt in Süddeutschland noch der 15. Mai, die berüchtigte „Kalte Sophie". Wenn wir nun wieder kritisch sind und über 10 Jahre diese Wetterlage genau verfolgen, werden wir bemerken, daß Mitte Mai in 8 oder 9 Fällen ein Kaltlufteinbruch eintritt, daß aber in nur 4 bis 5 Fällen die Eisheiligen auf die oben genannten Tage fallen. Wir sehen also, daß wir diesen Wettervorgang nicht wie die Lostage betrachten dürfen, sondern darin einen markanten Witterungscharakter erkennen, der sich zu bestimmter Zeit mit einer gewissen Dehnbarkeit einstellt.

Wie der Leser wahrscheinlich schon bemerkt hat, handelt es sich um einen unserer bekannten Kaltlufteinbrüche, wie wir sie das ganze Jahr in verschiedenen Abständen erleben. Es ist interessant, wie sich der Mensch in seiner persönlichen Auffassung zu den Kaltlufteinbrüchen im Verlauf des Jahres stellt. Kaltluftmassen im Winter sind für uns ganz selbstverständlich, da sie zum Charakter des Winters gehören. Auch im März nehmen wir dieses Wetter noch keineswegs tragisch, und im April gehört es zum „wetterwendischen" Charakter dieses Monats, daß er sich kalte und windige Tage — sogar mit Schneegestöber — erlauben darf. Aber der Mai darf dies nicht, und zwar deswegen, weil wir um diese Zeit genug vom Winter haben und weil wir uns durch die um diese Jahreszeit vorausgehenden warmen Tage schon sommerlich gekleidet haben — da paßt uns ein solcher Kälterückfall nicht mehr ins Konzept!

Die bei klarem Wetter entstehenden Frostnächte können für die Landwirtschaft — vor allem in der Baumblüte und bei den Reben — großen Schaden verursachen, doch wird der Umfang des Schadens häufig übertrieben. Es kommt dabei jeweils auf die Lage der einzelnen Gärten und Felder an, wie weit sie besonders frostgefährdet sind. Dabei können also die Eisheiligen, da sie sich keineswegs nach einem genauen Fahrplan richten, genausogut schon zwischen dem 5. bis 10., wie auch erst zwischen dem 15. bis 20. Mai eintreten. Die Wetterlage, die dieser Kaltlufteinbruch mit sich bringt, muß mit einer sehr hohen Wahrscheinlichkeit im Mai erwartet werden, denn es wäre fast unnatürlich, wenn ein ganzer Monat ohne Einbruch einer Kaltluftmasse vorüberginge.

Und warum sollte es im Juni anders sein? Die Kaltlufteinbrüche im Juni — vielen Menschen weit weniger bekannt als die Eisheiligen — laufen unter dem Namen Schafskälte. Es sind dies kalte und regnerische Tage, meist um die Mitte des Monats Juni, die den frischgeschorenen Schafen gefährlich werden können. Da der Juni insgesamt schon höhere Temperaturen zeigt als der Mai und unsere Wohnungen inzwischen von der Sonne erwärmt sind, fallen vor allem den Großstädtern die kühlen Junitage nicht so auf wie den Landwirten und Schäfern, die die Schafskälte genau kennen. Sie trifft übrigens bis auf ganz wenige Ausnahmen mit erstaunlicher Pünktlichkeit Mitte Juni ein. Wenn wir im Juli und August von solchen Kaltluftmassen überlaufen werden, so werden wir dies nicht mehr als unangenehme, winterliche Rückschläge, sondern besonders nach heißen und schwülen Tagen als angenehme Abkühlung empfinden. Charakteristisch erfolgte ein solcher Wetterumbruch, der allerdings nur wenige Tage dauerte, in den letzten Julitagen 1959 nach einer langen Trockenperiode mit heißen Tagen in weiten Gebieten Deutschlands.

Ein Gegenstück zu diesen kalten Tagen sind die warmen Wetterlagen. Am auffälligsten und oft als unnatürlich empfunden werden die Warmluftmassen, die im Winter auftreten. Am bekanntesten ist das meist zwischen dem 25. und 30. Dezember auftretende Weihnachtstauwetter, das vor allem bei den Skifahrern keine Freude auslöst. In diesem Zusammenhang werden wir beobachten, daß meist in der Mitte des Dezember sich eine winterliche Lage einstellt, die dann vorwiegend im süddeutschen Raum um die Weihnachtszeit starker Erwärmung weichen muß. Stets ist es unser Wunsch, ein winterliches Weihnachten zu erleben, sei es aus Stimmungsgründen oder aus sportlichen Interessen. Tatsache ist aber, daß im Durchschnitt von 10 Weihnachten — hier wieder nur der Süddeutsche Raum ohne Hochgebirge betrachtet — nur 3 oder 4 Winter weiße Weihnachten bringen, während die grünen, das heißt schneelosen Weihnachten überwiegen.

Wir haben bei der Besprechung der Luftmassenbewegung ausführlich gehört, wie wir dauernd dem Wechsel dieser verschieden temperierten Luftmassen ausgesetzt sind und wie demnach unser Wettergeschehen durch das Jahr hindurch verläuft. Wenn das Wetter nicht so stark von der Oberfläche der Erde abhinge, könnten wir einen viel regelmäßigeren Ablauf des jahreszeitlichen Wetters beobachten. So aber werden wir nie im voraus genau sagen können, an welchen Tagen eines Monats eine kalte oder eine warme Luftmasse einen bestimmten Erdort überschreitet. Immerhin stellen sich einige jahreszeitlich bedingte Wetterlagen zu bestimmten Zeiten doch mit einem hohen Prozentsatz von Wahrscheinlichkeit ein — vergleiche Eisheilige, Schafskälte und Weihnachtstauwetter. Hierzu gehören noch folgende, mit einer gewissen Regelmäßigkeit wiederkehrende Wetterlagen:

Der Februar bringt in Deutschland den eigentlichen Winter und der März meist viele schöne und trockene, manchmal aber auch leider neblige Tage. Der Hochsommer mit schönen warmen Tagen bildet sich meist erst Ende August aus, so wie sich im September, vorwiegend in der zweiten Hälfte, ein Spätsommer entwickelt, der sogenannte Altweibersommer, der uns weit bis in den Oktober hinein wochenlang schönes Wetter bescheren kann. Und mit derselben Regelmäßigkeit bringt uns der November die ruhigen, typisch spätherbstlichen Hochnebellagen. Vergessen wir aber nie, daß alle diese Regeln keine Gesetze sind: wohl ist eine hohe Wahrscheinlichkeit für das Eintreffen vorhanden, eine absolute Sicherheit ist aber nie gegeben.

Und noch einmal sei betont, daß meist allen Regeln, die wir von irgend woher vernommen haben, ursprünglich irgend eine echte Naturbeobachtung oder ein Zusammenhang im Wettergeschehen zugrunde gelegen hat, daß wir aber gut daran tun, alle Regeln nur mit Einschränkung und mit Bedacht anzuwenden. Je mehr wir Wetter und Regeln beobachten, um so kritischer werden wir und um so mehr werden wir erkennen, wie schwierig eine Wettervoraussage auf lange Frist ist. Es wird uns dann nichts anderes übrig bleiben, als uns zu bescheiden und als Wetterpropheten im kleinen schon glücklich zu sein, wenn wir aus Wolkenbeobachtungen und anderen Anzeichen wenigstens auf wenige Stunden eine einigermaßen sichere Voraussage machen können; in den ersten Kapiteln des vorliegenden Buches haben wir dies ja schon versucht.

VIII. Abschnitt: Gutgemeinte Ratschläge

Kapitel 33: Ratschläge für Wanderer und Wanderführer

Ein richtiger Wanderer wird seine geplante Wanderung unabhängig vom Wetter, das heißt auch bei regnerischem Wetter durchführen. Ja, man weiß, daß solche verregneten Landpartien oft zu den schönsten Erinnerungen gehören. Nun gibt es aber bekanntlich verschiedene Arten von Regenfällen, kurze und lange, leichte und starke; dabei haben wir gelernt, daß die kürzeren meist auch die kräftigeren sind. Wir haben sie als Schauer bezeichnet und sind ihnen beim Wärmegewitter oder beim Durchzug einer Kaltfront begegnet. Wer richtig ausgerüstet ist, braucht im Flachland einen leichten Regen nicht zu fürchten, einen kräftigen Schauer wird man aber zu umgehen trachten. Wenn der Wanderer Einzelgänger ist, so ist er auch zunächst nur sich selbst gegenüber verantwortlich; es ist also seine Angelegenheit, ob er naß wird oder nicht.

Der verantwortungsbewußte Führer einer Wandergruppe, oder der Lehrer, der mit seiner Klasse wandert, wird sich mit dem Thema Wetter ganz anders auseinanderzusetzen haben. Schließlich muß es nicht unbedingt sein, daß eine Gruppe von Wanderern oder Schülern total durchnäßt oder verschwitzt nach Hause kommt. Hier erhebt sich die grundsätzliche Frage: Warum machen die Schulen ihre Jahresausflüge vorwiegend an den heißesten, schwülsten und gewitterreichsten Tagen des Jahres, das heißt Ende Mai oder Anfang Juni? Wie herrlich ist es, im April bzw. im September oder Oktober zu wandern!

Die Entgegnung, man könnte dem Wetter an einem vereinbarten Wandertag nicht ausweichen, zeigt, wie wenig Verständnis für das Wettergeschehen vorhanden ist. Es kommt doch nur darauf an, die Wetterlage richtig zu erkennen und demnach die Wanderung aufzubauen, bzw. den Wanderplan etwas beweglich zu gestalten. Wichtig ist, daß der Wanderweg nie zu lang gewählt wird und auf alle Fälle die Möglichkeit zu Änderungen offen läßt.

Wenn wir ein Wetter haben, das lediglich einen täglichen Gang mit Haufenbewölkung zeigt, so werden uns die Kapitel 1 bis 6 mit ihren Bildfolgen sehr dienlich sein. Wir werden dabei erkannt haben, daß wir bei den dort geschilderten Wetterlagen unbesorgt wandern können.

Entwickelt sich aber wie in Kapitel 7 eine Schauerwolke mit Gewitterverdacht, so wird der aufmerksame Wanderführer auf die einsetzende Vereisung der Wolke und auf ihre Zugrichtung achten. Bald wird er bei einiger Übung mit Sicherheit sagen können, wann der Niederschlag einsetzen und ob er davon getroffen wird. Es kann ihm somit nicht schwer fallen, bei Zeiten einen Unterschlupf für seine Schutzbefohlenen zu finden, sei es, daß er die Gegend kennt oder daß er rechtzeitig auf seiner Karte nachgesehen hat, ob ein Dorf, eine Schutzhütte oder evtl. eine Höhle sich in erreichbarer Nähe befinden. Da ein solcher Gewitterguß nach einer halben, höchstens einer vollen Stunde wieder vorbei ist, gibt es gar keine lange Unterbrechung der Wanderung. Die vorgesehenen Rastpausen wird man stets nach der Wetterlage und den örtlichen Gegebenheiten geschickt vor- oder nachverlegen.

Wesentlich schwieriger wird die Lage, wenn auf den geplanten Wandertag Luftmassen herangeführt werden, die mit Fronten vor allem längere Niederschläge mit sich bringen. Zunächst einiges zur Wetterlage des Warmluftaufzuges: Wird der Beginn des Wolkenaufzuges erst am Wandertag selbst beobachtet, so braucht noch nicht mit Niederschlag gerechnet zu werden; es bleibt sicher noch trocken mit interessanten Wolkenbildern. Wird der Beginn des Wolkenaufzuges schon am Vortage beobachtet, so dürfte der Wandertag stärkere Eintrübung bringen und vielleicht der Abend oder schon der Spätnachmittag Niederschlag. Es empfiehlt sich dann, die Hauptwanderstrecke von vornherein auf den Vormittag zu legen, so daß das Ziel am Nachmittag rechtzeitig erreicht werden kann. Beobachten wir den Wolkenaufzug schon zwei Tage vor dem Wandertag, und bringt der Vorabend geschlossene und tiefe Bewölkung, so ist mit großer Wahrscheinlichkeit damit zu rechnen, daß der Wandertag verregnet wird.

Da die Warmluftregen wohl sehr lange anhalten können, aber nicht allzu kräftig sind, kann eine Wanderung mit entsprechendem Regenschutz trotzdem durchgeführt werden. Es empfiehlt sich aber, die Wanderstrecke auf alle Fälle kurz zu halten und zu berücksichtigen, daß ein Rasten im Freien kaum möglich ist. Abwarten, ob dieser Regen bald aufhört, ist in allen Fällen sinnlos. Beachten wir noch zusätzlich, daß Wolkenaufzüge aus Süden eine langsame, Wolkenaufzüge aus Westen eine schnellere Entwicklung mit sich bringen, und daß es für das Tempo des Wetterumschlages keine genaue Regel gibt. Prägen wir uns auf alle Fälle die Wolkenbilder von Kapitel 8 recht gut ein!

Grundsätzlich muß aber der Wanderführer davor gewarnt werden, Kaltlufteinbrüche mit einer Gruppe im Freien über sich ergehen zu lassen. Wenn zu sehen ist, daß eine solche Front am Horizont auftaucht, so ist unbedingt rechtzeitig zu überlegen, wo in der nächsten Stunde Schutz gesucht werden kann; die Schauer einer solchen Front sind stets sehr kräftig und nachhaltig. Auch gibt es kaum einen Regenschutz, der absolut sicher auf Dauer solche Wassermassen übersteht. Da nach dem Durchzug der Kaltfront stets eine — oft sehr beachtliche — Abkühlung erfolgt, ist das Naßwerden bei einer solchen Wetterlage unbedingt zu vermeiden.

Die Anzeichen einer solchen aufziehenden Front sind eingehend in den Kapiteln 9 und 18 beschrieben: Die vorauseilenden weißen Eisfahnen am blauen Himmel, der geschlossene Aufbau von Wolkentürmen und das Dunklerwerden des gesamten Horizontes auf einer Seite sind untrügliche Vorzeichen. Da vom Auftauchen der Front am Horizont bis zum Überqueren des Beobachtungsortes durchschnittlich mindestens eine, oft sogar noch zwei Stunden vergehen, dürfte es wirklich keine Mühe machen, die Wandergruppe vorher an einen trockenen Platz zu führen. Während es immerhin möglich ist, einem örtlichen Wärmegewitter seitlich auszuweichen, ist dies bei einer Front unmöglich.

Da eine Kaltfront meist nicht allzulange wetterwirksam ist, kann eine Wanderung anschließend in frischer, kühler Luft ohne weiteres fortgesetzt werden, doch muß mit weiteren Staffeln, das heißt weiteren Schauern gerechnet werden, die aber stets vorher am Wolkenbild zu erkennen sind. Eine relativ kurze Wanderstrecke muß bei einer solchen Wetterlage wegen der häufigen Unterbrechungen ganz besonders angeraten werden. Ergänzend sei noch gesagt, daß Kaltfronten nicht nur im Winter, sondern auch in den Übergangsjahreszeiten Schnee mit sich bringen können.

An dieser Stelle sei auch auf das Verhalten des Wanderers oder einer Wandergruppe während eines Gewitters hingewiesen. Bitte, legen Sie alle Gewitterratschläge wie zum Beispiel „die Buchen sollst du suchen" zum Alteisen und merken Sie sich grundsätzlich: Bei einem Gewitter nie unter einen einzelnen Baum stehen, ganz gleich, was das für einer ist! Das Blätterdach eines Baumes gibt sowieso nur für kurze Zeit Schutz, und das Unterstehen unter Bäumen ist letzten Endes doch nur Selbstbetrug.

Im geschlossenen Wald oder in einem einigermaßen geschützten Gelände kann eine Wanderung während eines Gewitters ohne weiteres fortgesetzt werden. Es ist sogar das Beste, was man tun kann, denn die Bewegung hält den Menschen warm und guter Laune. Auf keinen Fall aber darf im freien oder ausgesetzten Gelände, zum Beispiel über kahle Bergrücken während eines Gewitters weitergewandert werden; der Mensch als einzelner, aus dem Gelände hervorragender Punkt ist stets äußerst blitzgefährdet. Wenn es nicht mehr gelingt, ein schützendes Dach über den Kopf zu bekommen, gibt es nur eine Möglichkeit: flach auf den Boden legen, selbst auf die Gefahr hin, daß man restlos durchnäßt wird. Wie viele Unfälle hätten schon vermieden werden können, wenn diese einfachen Regeln beherzigt worden wären!

Der Blitz bevorzugt an und für sich hohe und freistehende Punkte, er ist aber stets unberechenbar. Der Mensch, der vielleicht nur 50 Meter von einer hohen Pappel entfernt steht, hat keineswegs die Gewähr, daß der Blitz die Pappel und nicht ihn trifft. Man kann ungefähr so sagen: Der Blitz entscheidet sich erst in den letzen Metern über dem Erdboden, welche kleinere oder größere Erhebung er bevorzugt. Und den Camping-Freunden sei an dieser Stelle geraten: laßt ja bei einem Gewitter eure Antennen verschwinden!

Kapitel 34: Ratschläge für Bergsteiger und Führer von Bergsteigergruppen

Wir haben schon wiederholt darauf hingewiesen, daß in den Bergen durch die Stauwirkung und das verstärkte Anheben der Luftmassen alle Wettervorgänge wesentlich kräftiger verlaufen. Ein sommerliches Gewitter wird nicht nur einen kurzen Schauer bringen, sondern unter Umständen stundenlang im wahrsten Sinn des Wortes an einem Berg hängen bleiben. Der Bergsteiger muß also danach trachten, wenn irgend möglich vor dem Ausbruch eines Gewitters ein Dach über den Kopf zu bekommen. Der aufmerksame Bergwanderer wird sich deshalb auf seinem Weg stets die Lage von Hütten und Heustadel sowie von überhängenden Felsen, die ihm einen geeigneten Schutz bieten können, sehr gut merken.

Auch hier gilt zunächst, was wir im vorhergehenden Kapitel gesagt haben: Der Einzelwanderer, Einzelbergsteiger oder -Kletterer mag es stets mit sich selbst, seiner Ausrüstung und seiner Leistungsfähigkeit ausmachen, was er sich im Toben der Elemente zutrauen mag. Er soll aber dabei berücksichtigen, daß die Bergwacht nicht dazu da ist, seine Unvernunft wieder gut zu machen.

Der Führer einer Bergsteigergruppe muß aber unbedingt über die Dinge im Bilde sein, die in diesem Buch geschildert wurden. Ein sommerliches Gewitter im Tagesgang wird fast stets in den Nachmittagsstunden ausbrechen. Man wird also im Sommer eine Bergfahrt so planen, daß sie am Vormittag durchgeführt werden kann, das heißt man geht nicht um 9 Uhr aus der Hütte, sondern um 4 oder 5 Uhr; die kühlen Morgenstunden sind für den Anstieg ohnedies viel angenehmer. Jedenfalls sollte die Bergfahrt so angelegt sein, daß sie ungefähr um 13 oder 14 Uhr beendigt ist.

Was der verantwortliche Führer einer Bergsteigergruppe unbedingt erkennen muß, sind die Luftmassenveränderungen bzw. die dazugehörigen Fronten am Wolkenbild. Er wird zu beachten haben, daß bei einer Wetterlage, bei der der Wanderer im Flachland lediglich naß wird, im Hochgebirge schon eine Katastrophe eintreten kann. Der Warmluftaufzug ist mit seinen Wolkenbildern so markant, daß er nicht übersehen werden kann. Er bringt in den Bergen langanhaltende Niederschläge, die nicht unter einem Felsdach abgewartet werden können. Deshalb sollte die Bergfahrt abgebrochen werden, ehe der Niederschlag einsetzt.

Die Temperaturrückgänge auch bei den „Warmfronten“ sind durch den fallenden Niederschlag so beachtlich, daß sie zur Gefahr werden können; so ist es möglich, daß selbst im Hochsommer die Niederschläge in Schnee übergehen. Bei Einsetzen des Niederschlags, spätestens aber wenn Schnee fällt, gibt es nur eine Losung, und die heißt „kehrt!“ Dieses Umkehren ist keineswegs eine Schande, sondern eine Vernunfthandlung und ein ehrliches Bekennen, daß auch im 20. Jahrhundert die Natur stärker ist als der Mensch. Es ist besser, einen zweistündigen Marsch abwärts oder auf bekanntem Weg zur letzten Hütte einzuschlagen, als in unbekanntem und verschneitem Gelände auch nur noch zehn Minuten weiterzusteigen. Da starker Niederschlag und vor allem Schneefall auch die Sicht stark beeinträchtigen und Wegmarkierungen verdecken, kann in wenigen Minuten aus einer harmlosen Bergwanderung Bergnot entstehen. Allen verantwortlichen Führern von Gruppen sei die Katastrophe vom Dachstein eine ständige Warnung!

Insbesondere sei aber in den Bergen vor den Kaltfronten gewarnt. Wir haben die charakteristischen Anzeichen des Kaltlufteinbruchs in diesem Buch verschiedentlich besprochen und auch im letzten Kapitel hervorgehoben. In den Bergen gibt es noch einen untrüglichen Vorboten: ein kleiner, oft nur kurz dauernder, aber sehr rasch ziehender Wellenaufzug. Jeder Bergwanderer muß das Herannahen einer Kaltfront erkennen können und dementsprechend rechtzeitig handeln. Im Hochgebirge bleibt es nicht bei einzelnen Schauern, sondern es kommt zu langanhaltenden und starken Niederschlägen in Form von Regen, Hagel oder Schnee. Meistens sehen sich dann unerfahrene und nicht genügend ausgerüstete Bergwanderer bei solchen Wetterlagen Elementen, Gefahren und Strapazen gegenüber, auf die sie nicht im mindesten vorbereitet sind. Charakteristisch bei der Kaltfront ist der starke Temperatursturz, der im Sommer sicherlich ab 3000 m, in den Übergangsjahreszeiten schon ab 1500 bis 2000 m Schneefall bringt.

Ein Biwakieren in einer solchen Wetterlage bedeutet stets Lebensgefahr. Wer eine Gruppe von Menschen in eine Kaltfront hineinführt, handelt aufs höchste fahrlässig. Und noch einen Rat bei Gewittern: legt Eure Eispickel weg! Wegen der von Wettereinflüssen ausgelösten Gefahren wie Steinschlag und Lawinen sei auf die einschlägige Literatur verwiesen.

Kapitel 35: Ratschläge für Segelflieger und Ballonfahrer

Die Segelflieger und Ballonfahrer wünschen sich gerne ein von Fronten ungetrübtes Wetter, das aber von Aufwinden und leichten Strömungen belebt sein darf. Die kleinen Haufenwolken zeigen uns ja stets, wo ein solcher Aufwind besteht, denn die Wolken sitzen wie Kappen auf den Schloten. Man unterschätze aber die Unberechenbarkeit der örtlichen, oft starken, böenartigen Bodenwinde bei schönem Wetter nicht, vor allem in den Vormittagsstunden!

Einem aufkommenden Gewitter wird aber vor allem der Ballonfahrer stets ausweichen. Wie das Gewitter aus der aufquellenden Haufenwolke sich entwickelt, haben wir in Kapitel 7 besprochen. Dem aufmerksamen Segelflieger oder Ballonfahrer wird die Vereisung ein untrügliches und rechtzeitiges Signal dafür sein, daß er entweder heruntergeht oder die Gewitterzone zu meiden trachtet. Der Segelflieger kann dies natürlich leichter als der Ballonfahrer, der sich vor allem davor hüten muß, in den Sog hineinzugeraten, der zur Gewitterwolke hinzieht. Auch sollte es der Ballonfahrer vermeiden, sich vor Ausbruch des Gewitters unnötig „aufladen" zu lassen.

Das Herannahen einer Warmfront bzw. das Auflaufen der Warmluftbewölkung ist an sich ungefährlich und harmlos, da sie selten mit elektrischen Entladungen oder mit sehr starken Winden verbunden ist. Das langsame stetige „Niedrigerwerden" der Wolkenuntergrenze der zunehmenden Bewölkung nimmt Ballonfahrer und Segelflieger eigentlich automatisch mit hinunter. Der Ballonfahrer liebt sogar zu seiner Fahrt den Tag vor der Ankunft der Warmfront, da er einesteils herrliche Wolkenstimmungen erlebt, andernteils in der Höhe ein führiger, aber nicht allzustarker Wind geht, während am Boden zu Start und Landung noch fast Windstille herrscht.

Die Kaltfront ist es wieder, vor der gewarnt werden muß. Hier gibt es nur eine Devise, und die heißt „herunter"! Jeder Kaltlufteinbruch sowie die nachfolgenden Staffeln bringen starke, äußerst böige Winde mit sich. Die gesamten Begleiterscheinungen mit Gewitter und eventuell Hagel beim Durchgang der Front zwingen grundsätzlich zum frühzeitigen Niedergehen. Die Anzeichen sind untrüglich — wir verweisen auf die früheren Kapitel; ein Ausweichen ist hier unmöglich! Vergessen wir nicht: Bei einer Warmfront kommt Bewölkung und Niederschlag vor der Front, während bei der Kaltfront mit der Front erst der Niederschlag einsetzt.

Kapitel 36: Allgemeine Wetteranzeichen

Wir wollen an dieser Stelle noch einige Wetterhinweise geben, die zum Teil zum allgemeinen Erfahrungsgut des Menschen gehören. Es handelt sich um Anzeichen, aus denen mit großer Wahrscheinlichkeit geschlossen werden kann, daß ein Wetterumschlag bevorsteht.

Die Verfärbung der normalen, rötlichen Sonnenuntergangs- und Dämmerungsfarben ins Gelbliche oder Weißgelbliche haben wir schon in der Einleitung erwähnt. Alle diese Farbveränderungen entstehen durch Zunahme der Luftfeuchtigkeit oder auch durch Anreicherung von Staubteilchen. Diese Verfärbungen spielen auch beim sogenannten Morgenrot eine Rolle. Unter Morgenrot versteht man aber im allgemeinen nicht die Rotverfärbung des wolkenfreien Horizontes, sondern das Rot an den Wolken. Dies besagt, daß auch der Luftraum um die Wolke annähernd mit Feuchte gesättigt ist, so daß also Morgenrot in diesem Sinne tatsächlich als ein Regenanzeichen angesehen werden kann. Man darf sogar sagen, daß nach einem ausgeprägten Wolken-Morgenrot der Regen schon nach kurzer Zeit einsetzen wird.

Dementsprechend wird Abendrot an Wasserwolken genauso Regenwetter anzeigen. Wenn wir also um die Zeit des Sonnenuntergangs starke, tiefe und rotgefärbte Bewölkung bemerken, so ist noch in der Nacht mit großer Wahrscheinlichkeit Niederschlag zu erwarten. Das Abendrot, das im Volksmund Schönwetter ankündigt, ist das Rot, das am freien, wolkenlosen Untergangshimmel erscheint. Wir müssen also bei dieser Begriffsverwirrung sehr darauf achten, wo wir das Rot sehen.

Darüberhinaus wird uns die Erfahrung lehren, daß hohe Wolken, das heißt also Federwolken, die aus Eiskristallen bestehen, sich in allen möglichen rosaroten Verfärbungen zeigen können, ohne daß Niederschlag erfolgt — es sei denn, diese Bewölkung hat System und gehört zu einem Warmluftaufzug.

Wenn die Sonne „Wasser zieht", das heißt, wenn in feuchter Luft die Sonnenstrahlen sichtbar werden, so können wir auf Eintrübung und Regen schließen. Wir können diesen Vorgang aber auch beobachten, wenn ein Regenwetter seinen Abschluß gefunden hat und die Luft noch feucht ist. Dann ist diese Erscheinung keineswegs ein Zeichen weiteren Niederschlags. Dasselbe gilt für eine gute Fernsicht, die bekanntlich vor und nach dem Durchzug der Fronten auftritt.

Dunst wird im allgemeinen als Schönwetterzeichen gedeutet. Dies ist aber nur richtig, wenn es sich um den eigentlichen Staubdunst bei windstillem Wetter oder um den Dunst der Talniederungen handelt, der am Morgen durch Abkühlung wie Bodennebel entsteht. Es kann sich bei hoher Feuchtigkeit auch Dunst entwickeln, der keineswegs ein Schönwetterzeichen darstellt; so gibt es einen ausgesprochen starken verräterischen Dunst vor Gewittern, wobei allerdings der Himmel bewölkt ist.

Wenn wir in waldreichem Gelände nach dem Durchzug eines Regengebietes einzelne, weiße Wolkenfetzen aus dem Wald steigen sehen — im Volksmund sagt man „die Hasen kochen" — dann darf mit Sicherheit in Kürze mit weiterem Niederschlag gerechnet werden, denn hier liegt eine Übersättigung der Luft mit Feuchtigkeit vor.

Wenn wir in Deutschland aus vorwiegend westlichen Richtungen Geräusche zum Beispiel von der Eisenbahn in einigen Kilometern Entfernung wahrnehmen, so können wir ebenfalls mit Regenwetter am anderen Tag rechnen, da der starke Wind, der die Geräusche uns zuträgt, uns auch die nachfolgenden Luftmassen zutreibt. Verdächtige Gerüche, die bei sehr geringem Luftdruck wahrnehmbar werden, deuten ebenfalls auf baldiges Regenwetter hin.

Auch an den Rauchfahnen, die aus hohen freistehenden Kaminen ziehen, können wir einiges ablesen: Gerade aufsteigender Rauch wird schönes Wetter künden, während vorwiegend nach Osten abziehender Rauch, durch den Westwind bedingt, Regen bedeutet. Wenn ein Kamin aber in einem Tal steht, so gelten andere Regeln, die von den örtlichen Luftbewegungen abhängig sind, vor allem von den im täglichen Gang sich ändernden Berg- und Talwinden. Alle derartigen Regeln müssen stets mit Vorsicht angewandt werden, da sie meist von örtlichen Bedingungen abhängen.

IX. Abschnitt: Ist das Wetter noch normal?

Kapitel 37: Kann das Wetter künstlich beeinflußt werden?

Schon um die Jahrhundertwende gab es Versuche, Hagelwetter abzuwenden, und aus noch früheren Zeiten hört man von allerlei meist abergläubischen Handlungen, die dazu angetan sein sollten, Unwetter abzuwenden. Wenn wir heute davon hören, daß man mit Kanonen gegen Wolken geschossen hat, um sie zu vertreiben, so können wir uns eines Lächelns nicht erwehren. Wenn wir uns vorstellen, welche Energien notwendig sind, um eine Gewitterwolke aufzubauen oder Hagel entstehen zu lassen, so werden wir leicht einsehen, daß sich das Wetter durch primitiven Knall keineswegs auch nur im geringsten verändern läßt.

Die modernen Versuche, in das Wettergeschehen einzugreifen, haben ernsteren Charakter und ihre Grundlage in den Erkenntnissen, die wir beim Aufbau der Wolken und bei der Auslösung des Niederschlags kennengelernt haben. Eines dieser Probleme ist dabei die Erzeugung von künstlichem Regen, denn ohne Zweifel wäre es vorteilhaft, in manchen Gegenden unserer Erde fruchtbares Land zu erzeugen oder in langen Trockenperioden abzuhelfen. Man versucht, mit chemischen Mitteln da nachzuhelfen, wo die regenlösende Wirkung nicht ganz vorhanden ist. Verschiedentlich, vorwiegend in den Vereinigten Staaten, sind solche Versuche mit angeblichem Erfolg durchgeführt worden.

Der Grundgedanke ist dabei folgender: Wir wissen, daß aus einer reinen Wasserwolke, auch wenn sie schon unterkühlt ist, kein Niederschlag fällt. Die zum Niederschlag notwendige Vereisung wird nun künstlich dadurch hervorgerufen, daß man von einem Flugzeug aus Chemikalien — meist wird Silberjodid verwendet — in die Wolken einstreut. Die Folge ist, daß die Wolke „erschrickt“, das heißt die Chemikalien wirken als Ansatzpunkte zu rascher Vereisung. Die Eiskristalle können fallen, aufschmelzen und als Regen niedergehen.

Meist wird man solche Versuche machen, wenn lange Trockenheit herrscht, das heißt also, wenn auch die Luft selbst sehr trocken ist. Ob dann der künstliche Regen den Boden überhaupt erreicht und nicht vorher schon von der trockenen Luft wieder „geschluckt“ wird, mag allerdings dahingestellt sein. Dabei ist die Frage offen, wie weit solche Versuche wirtschaftlich überhaupt vorteilhaft sind, denn ohne die geeigneten unterkühlten Wolken geht es auf keinen Fall.

Es ist also unmöglich — und das muß mit aller Deutlichkeit gesagt werden — mit dieser Methode aus wolkenlosem blauem Himmel künstlich Regen zu erzeugen.

Einen ähnlichen Weg geht man, wenn man den Hagelwolken zu Leibe rücken will. Man schießt in die verdächtigen Wolken mit Raketen Silberjodid ein, um die Vereisung vorzeitig schon in niederen Höhen zu erreichen; der Niederschlag soll schon als Regen fallen, ehe es zur Bildung der Hagelkörner kommt. Diese Versuche sind noch umstritten, denn wenn in eine hochtürmende Haufenwolke hineingeschossen wird und es anschließend keinen Hagel gibt, so ist dies kein Beweis für den Erfolg des Hagelschießens — wahrscheinlich hätte es auch ohne Schießen nicht gehagelt. Wie die Versuche in der Gegend von Rosenheim Anfang Juni 1959 ergaben, hat es trotz Hagelschiessens verheerende Hagelwetter gegeben. Es wurde allerdings nachträglich gesagt, daß zu spät geschossen worden wäre — da aber liegt eben die Schwierigkeit!

Zweifelsohne ist der Gedanke dieses Hagelschießens theoretisch richtig; man spricht dabei vom „Impfen“ der Wolke. Mit diesem Ausdruck ist das Problem auch am besten verständlich zu machen. Wenn wir verhindern wollen, daß die Pocken ausbrechen, dürfen wir nicht nur einige verdächtige Kinder impfen, sondern alle Kinder, und wenn wir Hagel vermeiden wollen, müssen wir alle aufsteigenden Haufenwolken, ehe sie natürlich vereisen und den Fahrstuhlbetrieb beginnen, vorher „impfen“. Was aber würde dies kosten? Ein vielfaches von dem, was tatsächlich durch Hagelschlag an Schaden angerichtet wird.

Ohne Zweifel sind alle diese Versuche vom meteorologischen wie auch vom technischen Standpunkt aus sehr interessant, doch ist die Frage noch offen, ob sie ernsthaft in der Zukunft Anwendung finden

---

Tafel VIII. *Abendlicher Wellenaufzug mit Eintrübung und Regenwetter am übernächsten Tag*

werden. Stets handelt es sich um nur äußerst kleine Eingriffe in das Wettergeschehen — die Großwetterlagen können wir auf keinen Fall beeinflussen, und dies mag in gewissem Sinn tröstlich sein.

Allerdings, wenn der Mensch durch Abholzung seiner Wälder und durch Einreißen aller Hecken und Sträucher die örtlichen Niederschlagsbedingungen ändert, dann greift er ernsthaft in das Wettergeschehen ein und verschlechtert sich sein Klima.

Kapitel 38: Macht uns das Wetter krank?

Es gibt Menschen, die brauchen keine Wolkenbeobachtung, kein Barometer und keinen Wetterdienst, um zu erkennen, daß das Wetter umschlägt — sie spüren es am eigenen Leib. Mit anderen Worten: Ein „wetterfühliger“ Mensch bekommt bei einer bestimmten Wetterlage Schmerzen oder bestehende Schmerzen verstärken sich.

Aber nicht jeder Mensch, der über das Wetter klagt, ist wetterfühlig; meist liegt lediglich eine Wetter-Überempfindlichkeit vor, vor allem dann, wenn jemand nervlich überlastet ist; dann wird alles, was es im Wettergeschehen gibt, als lästig empfunden: ob der Luftdruck steigt oder fällt, ob es zum Regnen kommt oder nicht, ob der Wind von Osten oder von Westen weht, ob es wärmer oder kälter wird. Wer also mit dem Wetter auf Kriegsfuß steht, sollte vielleicht den Rat eines Neurologen oder mindestens seines Hausarztes einholen.

Bei all dem, was hier geschildert wurde, liegt also keine Wetterfühligkeit vor. Diese haben wir eingangs dahingehend definiert: Nur, wer an einem erkrankten Organ bei einer bestimmten Wetterlage Schmerzen bekommt — oder bei dem sich ein bestehender Zustand verschlimmert —, der ist echt wetterfühlig! Wer sich also vollkommen gesund fühlt und bei einem Wetterumschlag Schmerzen bekommt, der sollte einen Arzt aufsuchen, denn diese Symptome könnten ein Hinweis auf ein erkranktes Organ sein. Die harte Bemerkung, alle Wetterschmerzen seien eingebildet, ist sicherlich unangebracht — Unfallverletzte können die Wetterfühligkeit am besten erklären.

Nun sind zwei Fragenkomplexe zu beantworten: Welche Wetterlagen lösen bei welchen Erkrankungen Schmerzen aus und wodurch werden sie ausgelöst? Die Annahme, daß so markante Wettererscheinungen wie Gewitter, Stürme, Kaltfrontdurchgänge die hauptsächlichsten Auslöser sind, trifft nur sehr bedingt zu. Aus der Zusammenarbeit der Meteorologen mit den Medizinern ergibt sich wohl, daß vor einem Wärmegewitter Wetterfühligkeit auftritt und daß beispielsweise vor oder beim Durchgang einer Kaltfront die Häufigkeit von Nieren- und Gallenkoliken zunimmt. Doch sind die Vorgänge vor Ausbruch eines Gewitters schwer zu analysieren, denn die festgestellte Nervositätszunahme muß nicht nur in der Zunahme der Luftelektrizität ihre Ursache haben — sie kann ganz einfach psychologisch durch äußere Eindrücke wie dunkle Wolken, Blitz und Donner erklärt werden. Selbst der vergessene Regenschirm bei zu erwartendem Regenguß kann mitspielen!

Überraschenderweise muß festgestellt werden, daß Wetterfühligkeit bei den meisten Betroffenen bei einer an sich so harmlosen Wetterumstellung erfolgt, wenn wärmere Luft auf kältere aufläuft, ein Vorgang, der 1—4 Tage dauern kann (vgl. Kapitel 8). Charakteristisch dabei ist ein langsamer Wolkenaufzug, zuerst im hohen, dann im mittelhohen Niveau bei fallendem Luftdruck. Am Ende des Vorgangs steht der Durchgang der Warmfront mit Regen und nur leichtem Wind und entscheidend: ohne Gewitter! Dabei tritt die Wetterfühligkeit mit dem Erscheinen der ersten feinen Cirrus-Wolken auf und endet schlagartig mit der Warmfront, d. h. wenn der Niederschlag beginnt. Jeder Wetterfühlige weiß, daß mit dem einsetzenden Regen seine Schmerzen aufhören. Also: Die Warmfront löst die Wetterfühligkeit nicht aus, sondern beendet sie!

Bei diesem Wettervorgang sind betroffen: wer Kriegsverwundungen hat und wer unfallverletzt ist; dabei klagen die Kopfverletzten am meisten. Die Schmerzfühlbarkeit kann auch oft erst längere Zeit nach dem Unfall eintreten. Phantomschmerzen an nicht mehr vorhandenen Gliedmaßen werden sogar registriert. Weiter sind zu erwähnen alle Patienten, die Erkrankungen an Herz, Kreislauf und Lunge haben; alle, die mit Rheuma, Gicht und Ischias zu tun haben und alle, die mit Migräne geplagt sind — gleich aus welcher Ursache auch immer.

Es wäre nun naheliegend anzunehmen, daß der bei diesem Wettervorgang über längere Zeit fallende Luftdruck der Schmerzauslöser wäre. Daß dem nicht so sein kann, ergibt sich aus der einfachen Überlegung, daß dann jede Autofahrt auf einen nur 200 m höheren Berg oder gar eine Fahrt mit Seil- oder Bergbahn sofort Wetterfühligkeit auslösen müßte, denn bei solchen Fahrten in die Höhe fällt der Luftdruck je nach Höhe um beträchtlichere Beträge als beim Aufzug einer Warmluftfront und dabei in noch viel schnellerem Maße!

Wenn auch die gesamten Zusammenhänge zwischen Wettervorgang und Schmerzauslösung nicht endgültig geklärt sind, so darf doch angenommen werden, daß die Hauptursache in der Zunahme der Luftelektrizität, in der sogenannten Ionisierung der Luft, zu suchen ist. Die Feststellung erscheint zunächst paradox, da bei der genannten Wetterlage ja keine Gewitter zu verzeichnen sind. Man weiß aber schon lange, daß bei aufsteigender Luft das elektrische Spannungsfeld zwischen Wolke und Erde zunimmt — am augenfälligsten bei einem Wärmegewitter. Bei der auflaufenden Warmluft entsteht ebenfalls Ionisation, die allerdings zu einem Gewitter nicht reicht, aber zur Auslösung der Wetterfühligkeit.

Kapitel 39: Das „abnormale“ Wetter

Wenn man den Berichten über Wetterkatastrophen vollen Glauben schenken würde, dürfte es theoretisch in keinem Jahr zu einer Ernte kommen. Wir können nur in jedem Herbst staunen, wie viel noch von dem geerntet wird, was im Laufe eines Jahres durch Überschwemmungen, Trockenheit, Maifröste und Hagelschlag angeblich total vernichtet worden ist. Immer wieder hört man die Behauptung, unser heutiges Wetter wäre abnormal bzw. das Wetter früher wäre viel besser gewesen. Was hierbei allerdings unter „früher“ und „besser“ verstanden wird, wird begreiflicherweise nie festgestellt.

Immer wieder wird zum Beispiel behauptet, „früher“ hätte es strengere und schneereichere Winter gegeben; dabei ist das Merkwürdige, daß dies gleichermaßen die Dreißig-, Fünfzig- oder Siebzigjährigen von ihrer Jugend behaupten. Daraus könnte zunächst der falsche Schluß gezogen werden: Wenn alle Altersgruppen dasselbe beobachten, dann muß dies auch so sein. Rechnen wir nach, merken wir aber, daß es gerade nicht so ist. Wenn der heute Dreißigjährige mit zehn Jahren strenge Winter erlebt hat, so ist dies, wenn wir vom Jahr 1960 ausgehen, das Jahr 1940, beim Fünfzigjährigen das Jahr 1920 und beim Siebzigjährigen das Jahr 1900, in dem die kalten Winter stattgefunden haben sollen!

Hier liegt nun die Tatsache vor, daß alle Kindheitseindrücke ungemein stark im Menschen verwurzelt sind; wenn man in der Jugend auch nur in zwei Wintern bei reichlichem Schnee viel Schlitten und Ski gefahren ist, prägt sich dies so ein, daß man später meint, es wäre früher immer so gewesen. Abgesehen davon wirkt eine Schneedecke von 10 cm Höhe auf ein Kind ganz anders als auf den Erwachsenen. Vielleicht haben wir auch bemerkt, daß uns im Alter alles viel niedriger vorkommt als in der Erinnerung der Kindheitseindrücke, sei es zum Beispiel die Steigung einer Straße oder die Höhe einer Treppe.

Darüberhinaus darf ein Mensch, der früher Jahre oder Jahrzehnte im Nordosten Deutschlands gelebt hat, niemals das Klima seiner alten Heimat mit dem der neuen vergleichen. Auch kann sich ein Winter in der Großstadt — von einzelnen Ausnahmen wie im Februar 1957 abgesehen — nicht so zeigen wie zur gleichen Zeit im freien Gelände. Es ist längst erwiesen, daß sehr kalte und schneereiche Winter in Deutschland stets in der Minderzahl sind, im Gegensatz zu den milden Wintern. Es ist verständlicherweise stets unser Wunsch, sogenannte weiße Weihnachten zu erleben, aber — vgl. Kap. 32, Seite 146 — die grünen überwiegen. Ein Weihnachten mit Schnee wird natürlich stets einprägsamer sein als eines, an dem wir eine milde Witterung verzeichnen. Auch an dieser Stelle müssen wir uns vor der Verallgemeinerung hüten und vor allem davor, die persönlichen Empfindungen als charakteristisch für eine Klimaänderung anzusehen.

Und wie schnell vergißt der Mensch! Erst rund 10 Jahre ist es her, da gab es in Deutschland, vorwiegend in Süddeutschland in den Jahren 1947, 1949 und 1952 heiße und trockene Sommer. Wir erinnern uns der Schlagzeilen „Die Wüste droht“ — „Versteppung naht“ — „Der Grundwasserspiegel hoffnungslos abgesunken“. Man hörte Theorien von 800jährigen Trockenperioden. Inzwischen kamen die kühlen und regnerischen Sommer 1953 bis 1957 und die Versteppung war buchstäblich ins Wasser gefallen. Dann kam das Jahr 1959, das der „Sintflut“ wiederum ein Ende bereitete.

Es kann nun sein wie es will, bei jeder Wetterlage hört man die vielsagenden Worte: Das Wetter ist nicht mehr normal! Damit kommen wir zu der fast peinlichen Frage: „Was ist denn eigentlich normales Wetter?“ Wahrscheinlich wird ein jeder nach seinen Empfindungen und beruflichen Sorgen sich ein persönliches normales Wetter wünschen, das nie mit den natürlichen Vorgängen übereinstimmen dürfte. Ein jeder wird im Laufe seines Lebens bemerken, daß kein Jahr wie das andere verläuft, daß sich nur bestimmte Wettertypen wiederholen und daß das, was wir heute erleben, alles schon einmal verzeichnet wurde — seien es trockene oder verregnete Sommer, milde oder kalte Winter.

Ein Blick in die Tageszeitungen ergibt Überschriften wie: Februar 1956: Der kälteste seit 200 Jahren; Dezember 1956: Der trockenste seit 32 Jahren; Januar 1957: Der sonnigste seit 57 Jahren; Februar 1957: Der mildeste seit 31 Jahren; Mai 1957: Der kühlste des Jahrhunderts; und während 1959 fast ganz Deutschland seinen trockensten Sommer seit über 100 Jahren registriert, verkündet Wien gleichzeitig seinen regenreichsten im gleichen Zeitraum.

Man könnte daraus den Eindruck gewinnen, daß das Wetter wirklich nur noch aus Extremen bestünde; doch gehen wir hinaus auf eine Wiese und betrachten wir Höhe und Form einer bestimmten Blumenart- zum Beispiel der Margareten. Da gibt es hohe, mittlere und niedere Margareten — mit großen und mit kleinen Blütenkelchen. Dann gibt es mal eine, die ist „abnormal“ groß und dann wieder eine, die ist sehr klein geblieben. Die Natur streut, und genau so müssen wir auch das Wetter verstehen. Das eigentliche ideale „Normaleinheitswetter“ kann es ja gar nicht geben. Was der Statistiker uns ermittelt, sei es an Temperatur, Luftdruck oder Niederschlag, sind stets Durchschnittswerte, die sich im Laufe eines Jahres oder in Jahrzehnten ergeben. Wir können dann nur sagen: Gegenüber dem Durchschnitt war es in diesem Monat zu warm oder in jenem Monat zu kalt; oder gegenüber dem Durchschnitt gab es in diesem Jahr mehr oder weniger Niederschlag. Insgesamt aber werden sich diese Beträge meist nach einer Reihe von Jahren oder Jahrzehnten wieder ausgleichen. Wir können doch nicht erwarten, daß das Wetter nach einem errechneten Durchschnitt verläuft.

Wenn wir in eine Schulklasse hineingehen, werden wir auch feststellen, daß die Schüler einer Klasse nicht alle gleich groß sind, sondern daß es große und kleine und vielleicht auch einen extrem großen oder einen extrem kleinen Schüler gibt. Wir können wieder einen Durchschnitt errechnen, werden aber nicht dem einzigen Schüler, der genau den Durchschnitt aufweist, dazu beglückwünschen, daß er der einzige normale Schüler ist; das Normale ist eben, daß Schüler gleichen Alters verschieden groß sind.

Gerade im Wettergeschehen macht es absolut keine Schwierigkeit, sogenannte Abnormitäten zu finden. Wenn wir meinen, daß diese Extreme heute häufiger vorkämen als vor 100 Jahren, so ist dies insofern ein Irrtum, als die Presseberichterstattung doch heute viel eingehender ist als früher und aus verständlichen Gründen die besonderen Dinge auch herausstellt.

Wenn wir Zeitungen aus der Zeit des Beginns unseres Jahrhunderts oder aus dem letzten Jahrhundert zur Hand nehmen, so werden wir auch da von merkwürdigen Wettererscheinungen lesen können, sei es, daß im Januar die Veilchen blühten oder im Juni in Mitteldeutschland Schnee fiel.

Kapitel 40: Was sagt die Statistik der letzten 100 Jahre?

Ohne Zweifel kann es sein, daß wir uns in einer Klimaschwankung befinden, denn wir wissen, daß die Erde solche Schwankungen schon häufig durchgemacht hat. Es ist bekannt, daß in Europa im 13. Jahrhundert ein warmes Klima herrschte, daß dann in den darauffolgenden Jahrhunderten die Durchschnittstemperaturen zurückgingen und daß um 1650 sehr niedere Temperaturen verzeichnet wurden. Man könnte sagen, daß es um diese Zeit eine kleine „Nacheiszeit“ gegeben hat. Seitdem nahmen die Temperaturen im Durchschnitt wieder zu, und vor allem der Beginn dieses Jahrhunderts ließ den Eindruck aufkommen, die Erwärmung Europas mache weiterhin gute Fortschritte. Der Rückgang unserer Gletscher in den Alpen hat dies gezeigt.

Man muß sich aber davor hüten, anzunehmen, daß das, was über 10 oder 50 Jahre beobachtet wurde, mit absoluter Sicherheit sich so fortsetzen würde. Der Wetterverlauf in Europa seit dem Jahre 1935 zeigt eindeutig, daß die Erwärmung Europas zum mindesten eine Unterbrechung erfahren hat. Auch hat sich seit 1955 bei verschiedenen Gletschern gezeigt, daß der Schwund aufgehört hat bzw. bei weitem nicht mehr so stark ist. Die unbestechlichen Kurven, die wir auf diesen Seiten finden, zeigen uns, daß der normale Wetterverlauf viel unregelmäßiger ist, als wir meistens annehmen. Vielleicht könnte man diese Tatsache mit folgendem an sich unsinnigen Satz charakterisieren: Das Wetter ist ein Zustand, bei dem Regelmäßigkeiten und Unregelmäßigkeiten regelmäßig und unregelmäßig abwechseln.

Betrachten wir in Zeichnung 19 zunächst die Niederschlagskurve der Sommermonate seit 1895 der Wetterstation Hohenheim bei Stuttgart, die für Süddeutschland eine sehr charakteristische Lage hat, das heißt weder besonders hoch noch besonders tief liegt. Wir stellen fest, daß es in früheren Jahren schon öfters wesentlich weniger oder wesentlich mehr Niederschlag gab als in den Jahren, die wir gerade erleben.

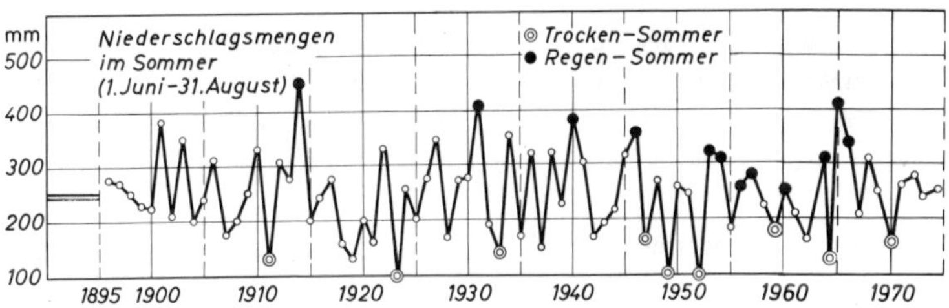

Zeichnung 19. Niederschlagsmengen der Monate Juni bis August von Hohenheim in den Jahren 1895 bis 1970

Wir sehen vor allem, daß die Niederschlagsmengen der sogenannten Regensommer 1953 bis 1957 keineswegs so hoch waren, wie wir den Eindruck hatten, und daß es auch im Trockensommer 1959 immerhin geregnet hat. Wenn wir den Durchschnitt der letzten 100 Jahre nehmen — der Doppelstrich links zeigt die Höhe an —, so sehen wir, daß die vergangenen Jahre keineswegs so abnormal waren, im Gegenteil — es ist eindeutig zu bemerken, daß die Extreme früherer Jahrzehnte wesentlich stärker waren.

Die Temperaturkurve — Zeichnung 20 —, die das Bild der Durchschnittstemperaturen des ganzen Jahres von Hohenheim zeigt, hat zunächst in den Jahren 1910 bis 1934 einen sehr ausgeprägten Charakter mit deutlich ansteigenden Temperaturen. Nach dieser Zeit aber ist ein starker Temperatursturz zu verzeichnen, dann wieder folgt von

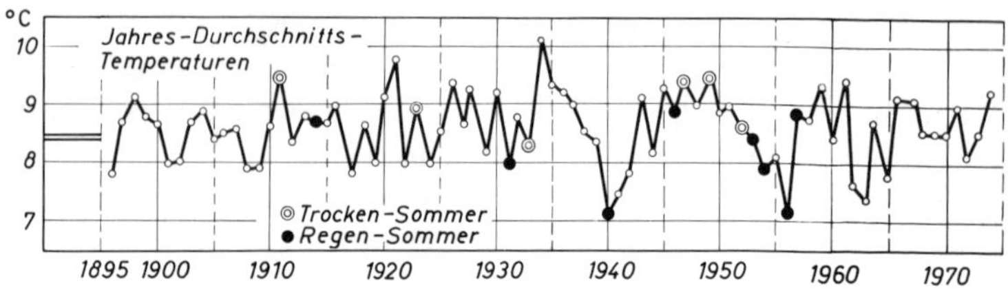

Zeichnung 20. Jahresdurchschnittstemperaturen von 1895 bis 1970 von Hohenheim

1941 an eine Zeit der zunehmenden Erwärmung; ab 1950 verzeichnen wir wiederum einen Rückgang und ab 1957 kehrt die Kurve abermals um. Es ergibt sich im ganzen eine Art Wellenbewegung, von der wir keineswegs sagen können, ob sie endgültig nach oben oder nach unten führt. Es ist genauso falsch zu behaupten, die Erwärmung Europas nehme weiterhin stetig zu oder die nächste Eiszeit stehe vor der Tür. Die Werte der vergangenen Jahre weichen erstaunlicherweise kaum von dem Durchschnittswert der letzten 100 Jahre ab, der in der Zeichnung wieder links als Doppelstrich vermerkt ist.

Wenn wir uns in einer Klimaschwankung befinden, so ist dies in einigen Jahren oder auch Jahrzehnten nicht festzustellen. Die jetzige Entwicklung wird wahrscheinlich erst in 100 oder 200 Jahren deutlich zu erkennen sein. Von welchen Umständen es letzten Endes abhängt, ob ein Sommer naß oder trocken verläuft, ist auch heute noch nicht endgültig geklärt, da doch so viele Ursachen und Wirkungen im Wettergeschehen zusammenspielen.

Wenn nun auch zweimal nach den Sonnenfleckenmaxima, das heißt 1947/1949 und 1957/58, trockene Sommer in Deutschland vorkamen, müssen wir uns doch davor hüten, das Wettergeschehen in direkte Abhängigkeit des 11 jährigen Sonnenfleckenzyklus zu bringen. Die genauen Zusammenhänge sind nach wie vor umstritten.

Alles in allem können wir mit Beruhigung feststellen: Das Wetter ist so „normal“ oder „abnormal“ wie vor 50 oder 100 Jahren!

X. Abschnitt: Zum Nachschlagen

Kapitel 41: Die Zeichensprache der Wetterkarte

Ziel und Umfang des vorliegenden Buches lassen es nicht zu, das Kapitel Wetterkarte — Entstehung und Deutung — ausführlich zu behandeln. Der interessierte Leser möge sich bei der Post die täglich erscheinende Wetterkarte des Deutschen Wetterdienstes bestellen, ausgehängte Wetterkarten studieren oder sich die Fernsehsendungen über die Wetterkarte betrachten. Die veröffentlichten Wetterkarten sind mit allen Erklärungen so übersichlich gestaltet, daß sie wirklich leicht verständlich sind. Doch ist ein regelmäßiges „Lesen“ der Karte zusammen mit den Beobachtungen des Wetters selbst erforderlich.

Diese Wetterkarte ist natürlich nur ein roher und vereinfachter Auszug aus den ursprünglichen, auf den Wetterämtern entstehenden Karten und aus Gründen der Übersichtlichkeit nur mit wenigen Stationen und den wesentlichsten Angaben versehen. Eine solche Beobachtungsstation ist in der Karte mit einem Ring bezeichnet, der durch entsprechende Ausfüllung den Bewölkungsgrad angibt, wobei heiter soviel wie 1/4 bedeckt und wolkig soviel wie 3/4 bedeckt be-

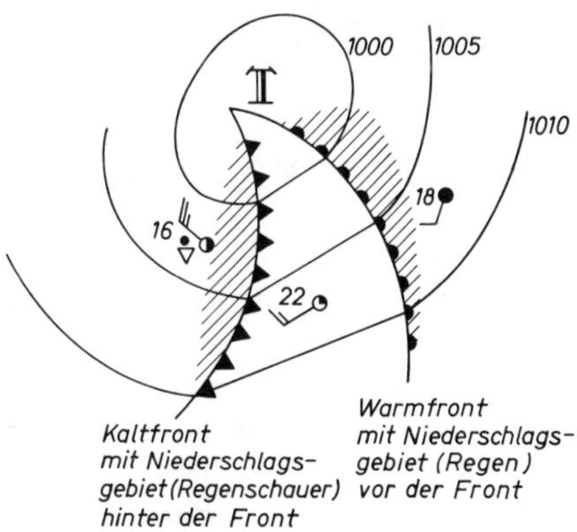

Zeichnung 21
Wetterkartenschema eines Tiefdruckgebietes

deutet. Die Bedeckung bezieht sich jeweils auf alle vorhandenen Wolken, so daß also ein Himmel mit nur dünner, aber geschlossener Federbewölkung auch ohne Haufenwolken als ganz „bedeckt“ gilt. Der Pfeil an der Station gibt an, aus welcher Richtung der Wind kommt und die Befiederung des Pfeiles gibt die Stärke des Windes an. Die Geschwindigkeitseinteilung ist auf jeder Wetterkarte angegeben. Bei Windstille erhält die Station einen 2. Ring. Auch alle Niederschlagsarten, sowie die Fronten der verschiedenen Luftmassen haben ihre Zeichen.

Zeichnung 21 möge als Beispiel das Wesentliche erläutern. Die in die Karte eingezeichneten Linien verbinden jeweils die Stationen, die denselben Luftdruck haben (auf Meereshöhe umgerechnet, in mb — siehe Seite 177). Wo der Druck am höchsten ist, finden wir das Zeichen H = Hoch, wo er am geringsten, also am tiefsten ist, ein T = Tief.

Die Windrichtungspfeile ziehen fast mit diesen Drucklinien (beim Tief im Gegenuhrzeigersinn). Der Grund ist der, daß die Luft aus dem Gebiet des hohen Druckes in das Gebiet des tiefen Druckes strömt und dann durch die Rechtsablenkung der Erdrotation (Nordhalbkugel) aus der ursprünglichen Richtung gebracht wird. Die Zahlen links neben den Stationen geben die Temperaturen an. Das Beispiel erläutert den Idealfall eines von Westen nach Osten ziehenden Tiefdruckgebietes, zuerst mit dem Durchgang der Warmfront und dann der nachfolgenden Kaltfront. Die eingezeichneten drei Stationen geben uns genau Aufschluß über das Wetter vor und nach den Fronten.

Wenn der Leser die Wetterkarte täglich durch die Post zugestellt bekommt, möge er nicht versäumen, auch die Rückseite eingehend zu betrachten, da sie vor allem über das Wetter in der Höhe Aufschluß gibt.

Kapitel 42: Wolkennamen

Wir haben es absichtlich im Text vermieden, die besprochenen Wolken sofort mit ihren wissenschaftlichen Bezeichnungen zu benennen, um den Leser nicht zu beschweren und den Fluß des Lesens nicht zu hemmen. Die folgende Übersicht gibt nun weitere Auskunft.

Die Zahlen am rechten Rand verweisen auf ein Bild, das diese Wolkenform zeigt.

A Senkrechter Wolkenaufbau

1. Kleine, niedrige Haufenwolke			
	= Cumulus humilis	meist in ca. 1000 m Höhe	Cu 6
2. Große, geballte und aufquellende Haufenwolke			
	= Cumulus congestus	meist in 1000-3000 m Höhe	Cu 23
3. Vereiste Haufenwolke, Schauer- oder Gewitterwolke			
	= Cumulonimbus	meist in 1000-5000 m Höhe	Cb 29

B Waagerechte Wolkenanordnung

I Tiefe Wolken unter 2000 m Höhe

1. Gleichmäßige Wolkenschicht	= Stratus	S
2. Flache Haufen oder Schollen in einer Schicht		
	= Stratocumulus	Sc 42
3. Geschlossene dunkle Regenbewölkg.	= Nimbostratus	Ns 49

II Mittelhohe Wolken zwischen 2000 und 6000 m Höhe

1. Bänke, Ballen, Walzen und Wogen (Schäfchenwolken)		
	= Altocumulus	Ac 41
2. Gleichmäßige graue Schichten	= Altostratus	As 45

III Hohe Wolken über 6000 m Höhe

1. Einzelne Federwolken oder Eisfahnen		
	= Cirrus	Ci 34
2. Winzig kleine Bällchen (in Reihen)	= Cirrocumulus	Cc 39
3. Weiße Eisschichten (oft mit Halo)	= Cirrostratus	Cs 44

Um die einzelnen Wolken in Form und Dichte noch genauer zu unterscheiden, werden an die lateinischen Wolkennamen u. a. noch folgende Eigenschaftswörter angehängt:

castellatus	wie Zinnen und Türme eines Kastells,	vorwiegend	bei	Cu
densus	dicht	„	„	Ci
filosus	dünn	„	„	Ci
floccus	flockig (oft vor Gewittern)	„	„	Ac
fumulus	rauchartig, kaum wahrnehmbar	„	„	Cu

lenticularis	linsenförmig	vorwiegend bei	Ac
radiatus	strahlenförmig	„ „	Ci
uncinus	hakenförmig	„ „	Ci
undulatus	wellen- und wogenförmig	„ „	Ac
vesperalis	meist am frühen Abendhimmel — zur Vesperstunde		Sc

Ergänzend sei noch erwähnt: Fractocumulus oder Fractostratus soviel wie fetzenförmige Bewölkung unter Ns.

Kapitel 43: Luftmassenbezeichnungen

Die nachstehende Tabelle soll eine grobe Übersicht über die häufigsten Arten der Luftmassen geben, die Europa überqueren.

Bezeichnung	*Unterscheidung*	*Eigenschaft*	*vorwiegende Richtung aus*	*Ursprung und Weg*
Arktische Polarluft	maritim kontinental	feucht trocken	NW NO	Arktis-Grönland Nordmeer Sibirien Nordrußland
Luft gemäßigter Breiten	maritim kontinental	feucht trocken	W O	nördl. Atlantik Osteuropa
Subtropische Warmluft	maritim	feucht	SW	südl. Atlantik Azoren Mittelmeer
	kontinental	trocken	SO	Nordafrika Balkan

Kapitel 44: Instrumentenübersicht

In Ergänzung zu Kapitel 11 soll hier eine Aufstellung der an den Wetterstationen gebräuchlichsten Instrumente folgen:

Luftdruckmesser	Quecksilberbarometer — Hauptinstrument einer Wetterstation Aneroidbarometer — mit luftleerer Metalldose (Vidiedose) Barograph — Luftdruckschreiber Variometer — für Luftdruckänderungen (Flugzeug und Ballon)
Temperaturmesser	Quecksilberthermometer Extremthermometer — für Maximal und Minimaltemperaturen Bimetallthermometer — mit zwei verschiedenen Metallen Thermograph — Temperaturschreiber
Feuchtigkeitsmesser	Psychrometer — mit zwei Thermometern (eines feucht) Hygrometer — meist Haarhygrometer Hygrograph — Feuchtigkeitsschreiber
Windmesser	Wetterfahne oder Windfahne — für die Windrichtung Anemometer — drehbares Schalenkreuz, für die Windgeschwindigkeit Anemograph — Windschreiber, auch Böenschreiber
Strahlungsmesser	Bolometer und Aktinograph Zur Intensität der Sonnenstrahlung Sonnenscheinautograph — Sonnenscheinschreiber mit Glaskugel als Brennlinse
Niederschlagsmesser	Regenmesser — Auffanggerät mit Behälter Regenschreiber — dasselbe mit Meßglas und Schreibvorrichtung

Wolkenmesser	Wolkenspiegel und Wolkenrechen für Zugrichtung und Geschwindigkeit Pilotballon — Für Wolkenuntergrenze bei Tag Wolkenscheinwerfer — für Wolkenuntergrenze bei Nacht
Sichtmarken	Zur Feststellung der Sichtweite

Kapitel 45: Fachausdrücke

In diesem letzten Kapitel finden wir noch einige Fachausdrücke und meteorologische Bezeichnungen, die wir im Text nicht erwähnt oder nicht erklärt haben.

Absolute Feuchte	Tatsächlicher Wasserdampfgehalt der Luft in Gramm pro Kubikmeter.
Aerologie	Wissenschaftlicher Zweig zur Erforschung der höheren Luftschichten.
Äquinoktialstürme	Starke Winde um die Zeit der Tag- und Nachtgleichen (Frühjahr und Herbst)
Akklimatisation	Anpassung an andere Klimabedingungen.
Alpenglühen	Abendliches Dämmerungsleuchten an Kalkwänden.
Anti-Zyklone	Hochdruckgebiet.
Astro-Meteorologie	früher: Irrlehre der Abhängigkeit des Wetters von Planetenstellungen. heute: Meteorologie der anderen Planeten.
Auffrischen des Windes	Stärkerwerden des Windes.
Beaufort-Skala	Einteilung der Windstärken in 12 Gruppen.
Beständigkeit	Gleichmäßiges Fortdauern einer ruhigen Schönwetterlage.
Bishop'scher Ring	Rotbrauner Ring um die Sonne (s. Seite 118)
Blutregen	Durch roten Staub (Sahara) verfärbter Regen.
Blutschnee	Durch Algen verfärbter Schnee.

Celsiusgrad	Heute übliche Einteilung der Thermometer in 100 Teile vom Gefrierpunkt bis zum Siedepunkt des Wassers.
Corioliskraft	Die ablenkende Kraft der Erdrotation (Nordhalbkugel rechts).
Dampfdruck	Druck des Wasserdampfes in der Luft (in mb)
Depression	Tiefdruckgebiet.
Eistag	Tag, an dem den ganzen Tag die Temperatur unter 0 ° C verbleibt.
Elmsfeuer	Elektrische Lichterscheinung auf Türmen und Blitzableitern.
Fallstreifen	Niederschlag aus mittelhohen und hohen Wolken.
Flächenblitz	Besondere Form des Blitzes bzw. Aufleuchten der Wolken bei dahinter stattfindenden Entladungen.
Föhnmauer	Wolkenbank am Berg auf der Leeseite.
Frosttag	Tag, an dem die Temperatur zeitweise unter 0 ° C sinkt.
Galle	Bruchstück eines Regenbogens.
Gradient	Gefälle zum Beispiel zwischen zwei Isobaren.
Heaviside-Schicht	Eine der Jonosphärenschichten.
Heißer Tag	Tag mit einem Temperaturmittel größer oder gleich 25 ° C.
Horizontal	Waagerecht.
Hundstage	Vom 24. Juli bis 24. August, es sind die Tage, an denen man erstmals wieder in der Frühe den Aufgang des Sirius im Sternbild des großen Hundes beobachten kann (sogen. Heliakischer Aufgang)
Hungerbrunnen	Quellen, die nur zu bestimmten Zeiten, vorwiegend nach langen und ergiebigen Regenfällen laufen.
Hungersteine	Steine, die nach langer Trockenheit und niederem Wasserstand in den Flüssen sichtbar werden.

Inversion	Temperaturumkehr, das heißt die Temperatur nimmt eine Strecke weit mit der Höhe nicht ab, sondern zu.
Jonisierung	Die Teilchen der Luft wirken elektrisch geladen.
Jonosphäre	Die oberen Schichten der Lufthülle ab 100 km Höhe mit elektrisch geladenen Teilchen.
Irisieren	Perlmutterartiges Glänzen von Wolkenrändern, vorwiegend bei Ac. lent.
Isobaren	Die Linien gleichen Luftdrucks (siehe Wetterkarte).
Isothermen	Linien gleicher Temperaturen auf Temperaturkarten.
Kalme	völlige Windstille bzw. Zone mit Windstille.
Kappe	Mützenartiger Schleier über stark quellenden Haufenwolken.
Kimm	Seehorizont
Klima	Das durchschnittliche Wetter an einem bestimmten Erdort in einem bestimmten grösseren Zeitraum.
Klimatologie	Klimalehre.
Kohlensäure	enthält die Luft zu 0,03 Prozent (H_2CO_3).
Kondensation	Verflüssigung des Wasserdampfes zu Wassertröpfchen — Wolkenbildung.
Kondensationskerne	Ansatzteilchen in der Luft für die Kondensation.
Kondensationsniveau	Höhe, in der die Cumulusbildung einsetzt.
Kondensstreifen	Künstliche Wolkenbildung hinter Flugzeugen, vom Treibstoff und dem Feuchtegehalt der Luft abhängig.
Kugelblitz	Helle, kugelförmige Form blitzartiger Entladung, wahrscheinlich im Durchmesser nicht größer als ca. 20 cm.
Labilität	Haufenbewölkung kann leicht entstehen und gut aufquellen.
Lee	windabgewandte Seite (eines Berges), bzw. Richtung, wohin der Wind weht.

Linienblitz	die häufigste, sich verästelnde Blitzform.
Luv	Seite (eines Berges), von der der Wind kommt.
Maximum	Höchstwert.
Millibar (mb)	Luftdruckeinheit, dabei sind 1000 mb = 1 Bar, es ist die Kraft, mit der eine 75 cm hohe Quecksilbersäule auf 1 Quadratzentimeter drückt; somit 750 mm = 1000 mb.
Minimum	der kleinste Wert.
Mischwolke	Wolke, die Wasser- und Eisteilchen enthält.
Occlusion	Vereinigung von Kalt- und Warmfront.
Perlschnurblitz	Blitzbahn mit einzelnen Lichtpunkten (vielleicht Übergang zu Kugelblitz).
Phänomen	Erscheinung, vorwiegend bei Halo.
Physik	Lehre der Naturgesetze.
Polarbanden	soviel wie Cirrus radiatus.
Prognose	Vorhersage.
Purpurlicht	Teile der Dämmerungsvorgänge.
Quecksilber	Flüssiges, schweres Metall.
Radar	Funkmeßgerät zur Messung der Zeitdifferenz zwischen Abgang und Rückkehr einer elektrischen Schwingung nach Reflexion an einem Objekt.
Radioaktivität	Strahlung zerfallender chemischer Elemente (drei Arten: Alpha-, Beta- und Gammastrahlen).
Reflexion	Das Zurückwerfen von Strahlen, Spiegelung
Refraktion	Strahlenbrechung.
Relative Feuchte	Verhältnis von der tatsächlichen Feuchtigkeit zur höchstmöglichen, das heißt Verhältnis von absoluter Feuchte zur Sättigung; wird in Prozenten ausgedrückt.
Riesel	kleine Hagelkörner oder kleine Graupel.
Sättigung	Höchstmögliche Aufnahmefähigkeit der Luft mit Wasserdampf, abhängig von der Temperatur.

Schneetreiben	Durch starken Wind aufgewirbelter Schnee (nur tief am Boden: Schneefegen).
Singularität	Kalenderbedingte Regelmäßigkeit im Wetterablauf (siehe Kapitel 32).
Sommertag	Ein Tag, an dem die Höchsttemperatur grösser oder gleich 25 ° C beträgt.
Stabilität	Wetterlage, bei der keine Haufenbewölkung entsteht bzw. sich weiterentwickeln kann.
Strahlungsfrost	Frost, der durch (nächtliche) Ausstrahlung entstanden ist.
Strahlungsnebel	Nebel, der durch (nächtliche) Ausstrahlung entstanden ist.
Sublimationskerne	Teilchen der Luft, an denen die Vereisung der Wolken stattfindet.
Synoptik	Gleichzeitiges Zusammentragen und Auswerten der Wetterbeobachtungen (für Wetterkarte.
Taupunkt	Temperatur, bei der die relative Luftfeuchtigkeit 100 Prozent beträgt bzw. Sättigung einsetzt.
Teiltief	Kleiner Ausläufer eines Tiefdruckgebietes — oft mit Gewittern.
Theodolit	Winkelmeßgerät zur Verfolgung der Pilotballone, mit Seiten- und Höhenwinkel.
Trichterwolke	Wolkenschlauch bei Wind- und Wasserhosen.
Trombe	Wirbelwind, soviel wie Wind- und Wasserhose.
Vertikal	Senkrecht
Vorhangwirkung	Geringe Sicht bei Beobachtung in dunstiger Luft gegen die Sonne.
Wetterleuchten	Gewitter am Horizont, von dem nur der Blitz bei Dunkelheit gesehen wird.
Windbaum	Federwolken eines Wolkenaufzuges vor Wetterumschlag.
Witterung	Allgemeiner Ablauf der Wettererscheinungen über einen relativ kurzen Zeitraum.
Zyklone	Tiefdruckgebiet (Depression).

Nachwort

Unser Buch konnte in dem vorliegenden Umfang verständlicherweise niemals alle meteorologischen Begriffe, Vorgänge und Zusammenhänge erschöpfend behandeln. Es war das Ziel, eine Auswahl der häufigsten und markantesten Wetterereignisse verständlich zu machen. Wenn wir auch nicht alle Wolken, die es am Himmel gibt, im Buch besprochen haben, so wird es doch Anregung zu gewinnbringendem Beobachten geben, sowie eine Grundlage zu weiterer Literatur darstellen.

Der Bergsteiger, Segelflieger oder Ballonfahrer wird längst erkannt haben, daß die Theorie allein nicht hilft, sondern daß die praktische Erfahrung — aus langem und regelmäßigem Beobachten gewonnen — genau so notwendig ist wie die persönliche Auseinandersetzung mit den Elementen der Natur.

Der Leser wird keine Sensationen entdeckt haben, sicherlich aber die Freude am eigenen Verfolgen der Naturvorgänge, Verständnis für die mannigfaltigen Wetterabläufe und vielleicht auch die Erkenntnis, daß Wolken am blauen Himmel so schön sein können wie die Käfer und Falter, die sich mit den Wolken im gleichen Reich der Lüfte tummeln.

Literaturauswahl

AUFM KAMPE, HANS-J.:			
Das Wetter und seine Ursachen	Steinkopff,	Darmstadt	1951
BALLRICH, KURT:			
Atmosphäre und Mensch	Umschau,	Frankfurt	1981
BATTAN, LOUIS J.:			
Wetter	Enke,	Stuttgart	1979
BAUR, FRANZ:			
Einführung in die Großwetterkunde	Dieterich,	Wiesbaden	1948
BERG, HELLMUT:			
Allgemeine Meteorologie	Dümmler,	Bonn	1948
BERG, HELLMUT:			
Atmosphäre und Wetter	Humboldt,	Stuttgart	1953
DIETZE, GERHARD:			
Einführung in die Optik der Atmosphäre	Akad. Verlags-Ges.,	Leipzig	1957
EICHENBERGER, WILLY:			
Flugwetterkunde	Schweizer,	Zürich	1958
FICKER, HEINRICH:			
Wetter und Wetterentwicklung	Springer,	Heidelberg	1952
FORTRAK, HEINZ:			
Meteorologie	Reimer,	Berlin	1982
FRICK, MARTIN:			
Wetterkunde	Hallwag,	Bern	1975
GÖBEL, PETER:			
Praktische Wetter- und Klimakunde ...	Franckh'sche Verlagshdlg.,	Stuttgart	1984
GRUNOW, JOHANNES:			
Wetter und Klima	Wegweiser,	Berlin	1940

HABER, HEINZ:
Unser Wetter — DVA, Stuttgart 1971

HEIMERAN, ERNST:
Echter 100jähriger Kalender — Heimeran, München 1953

KEIDEL, CLAUS:
Wolkenbilder-Wettervorhersage — BLV, München 1980

KEIL, KARL:
Handwörterbuch der Meteorologie — Knapp, Frankfurt 1950

KRAUSS, JOSEF:
Wetter- und Meereskunde für Seefahrer — Springer, Heidelberg 1958

LINKE, FRANZ:
Der wetterkundliche Unterricht — Diesterweg, Frankfurt 1925

MÖLLER, FRITZ:
Einführung in die Meteorologie — Hochschultaschenb., Mannheim 1973

NEIS, BERNHARD:
Fortschritte in der meteorologischen Forschung — Akad. Verlags-Ges., Leipzig 1956

REUTER, HEINZ:
Die Wissenschaft vom Wetter — Springer, Berlin 1978

ROCZNIK, KARL:
Wetter und Klima in Deutschland — Hirzel, Stuttgart 1982

ROTH, GÜNTER:
Wetterkunde für alle — BLV, München 1979

SCHERHAG, RICHARD:
Neue Methoden der Wetteranalyse und Wetterprognose — Springer, Heidelberg 1948

SCHUETT, KARL:
Einführung in die Meteorologie auf physikalischer Grundlage — Palmen, Berlin 1950

Schmauss, August:			
Das Problem der Wettervorhersage	Becker u. Erler,	Leipzig	1945
Sieberg, August:			
Wetterbüchlein	Franckh'sche Verlagshdlg.,	Stuttgart	1921
Suering, Reinhard:			
Die Wolken	Akad. Verlags-Ges.,	Leipzig	1950
Trinckler, Carl:			
Der Wetterstreß	Econ,	Düsseldorf	1978
van Eimern, J. und H. Häckel:			
Wetter- und Klimakunde ...	Ulmer,	Stuttgart	1984

Sachregister

Die im Kapitel 45 erklärten Fachausdrücke sind hier nicht nochmals aufgeführt.